사물인터넷, 빅데이터 등 스마트 시대 대비!

정보처리능력 향상을 위한-

최고효과 기초탄탄 계산법

4권 | 자연수의 덧셈과 뺄셈 4

기초부터 탄탄하게
기탄출판

머리말

계산력은 수학적 사고력을 기르기 위한 기초 과정이며,
스마트 시대에 정보처리능력을 기르기 위한 필수 요소입니다.

사칙 계산(+, −, ×, ÷)을 나타내는 기호와 여러 가지 수(자연수, 분수, 소수 등) 사이의 관계를 이해하여 빠르고 정확하게 답을 찾아내는 과정을 통해 아이들은 수학적 개념이 발달하기 시작하고 수학에 흥미를 느끼게 됩니다.

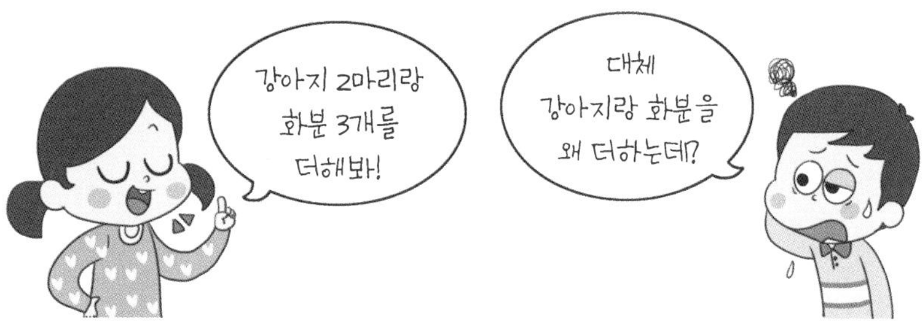

위에서 보여준 것과 같이 단순한 더하기라 할지라도 아무거나 더하는 것이 아니라 더하는 의미가 있는 것은, 동질성을 가진 것끼리, 단위가 같은 것끼리여야 하는 등의 논리적이고 합리적인 상황이 기본이 됩니다.
사칙 계산이 처음엔 자연수끼리의 계산으로 시작하기 때문에 큰 어려움이 없지만 수의 개념이 확장되어 분수, 소수까지 다루게 되면, 더하기를 하기 위해 표현 방법을 모두 분수로, 또는 모두 소수로 바꾸는 등, 자기도 모르게 수학적 사고의 과정을 밟아가며 계산을 하게 됩니다.
이런 단계의 계산들은 하위 단계인 자연수의 사칙 계산이 기초가 되지 않고서는 쉽지 않습니다.
계산력을 기르는 것이 이렇게 중요한데도 계산력을 기르는 방법에는 지름길이 없습니다.

❶ 매일 꾸준히
❷ 표준완성시간 내에
❸ 정확하게 푸는 것

을 연습하는 것만이 정답입니다.
집을 짓거나, 그림을 그리거나, 운동경기를 하거나, 그 밖의 어떤 일을 하더라도 좋은 결과를 위해서는 기초를 닦는 것이 중요합니다.
앞에서도 말했듯이 수학적 사고력에 있어서 가장 기초가 되는 것은 계산력입니다. 또한 계산력은 사물인터넷과 빅데이터가 활용되는 스마트 시대에 가장 필요한, 정보처리능력을 향상시킬 수 있는 기본 요소입니다. 매일 꾸준히, 표준완성시간 내에, 정확하게 푸는 것을 연습하여 기초가 탄탄한 미래의 소중한 주인공들로 성장하기를 바랍니다.

이 책의 특징과 구성

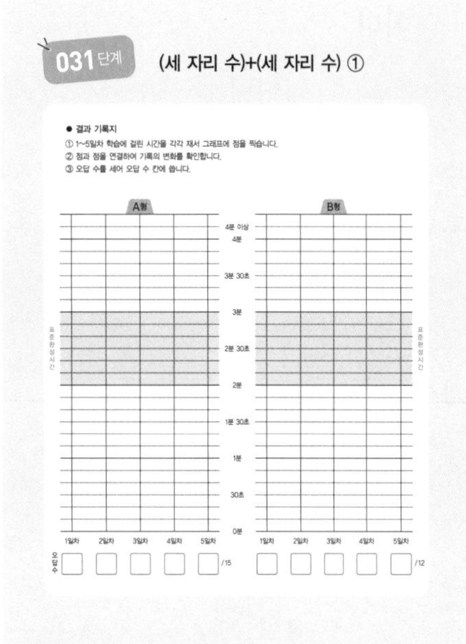
031단계 (세 자리 수)+(세 자리 수) ①

● 결과 기록지

① 1~5일차 학습에 걸린 시간을 각각 재서 그래프에 점을 찍습니다.

② 점과 점을 연결하여 기록의 변화를 확인합니다.

③ 오답 수를 세어 오답 수 칸에 씁니다.

A형 B형

1일차 2일차 3일차 4일차 5일차

오답 수 /15 /12

:: 학습관리 - 결과 기록지

매일 학습하는 데 걸린 시간을 표시하고 표준완성시간 내에 학습 완료를 하였는지, 틀린 문항 수는 몇 개인지, 또 아이의 기록에 어떤 변화가 있는지 확인할 수 있습니다.

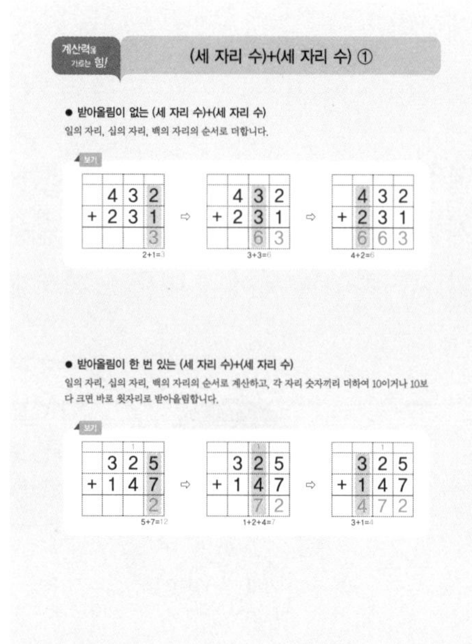
계산력을 기르는 힘! (세 자리 수)+(세 자리 수) ①

● 받아올림이 없는 (세 자리 수)+(세 자리 수)

일의 자리, 십의 자리, 백의 자리의 순서로 더합니다.

보기

432 + 231: 2+1=3, 3+3=6, 4+2=6 → 663

● 받아올림이 한 번 있는 (세 자리 수)+(세 자리 수)

일의 자리, 십의 자리, 백의 자리의 순서로 계산하고, 각 자리 숫자끼리 더하여 10이거나 10보다 크면 바로 윗자리로 받아올림합니다.

보기

325 + 147: 5+7=12, 1+2+4=7, 3+1=4 → 472

:: 계산 원리 짚어보기 - 계산력을 기르는 힘

계산력도 원리를 익히고 연습하면 더 정확하고 빠르게 풀 수 있습니다. 제시된 원리를 이해하고 계산 방법을 익히면, 본 교재 학습을 쉽게 할 수 있는 힘이 됩니다.

:: 본 학습

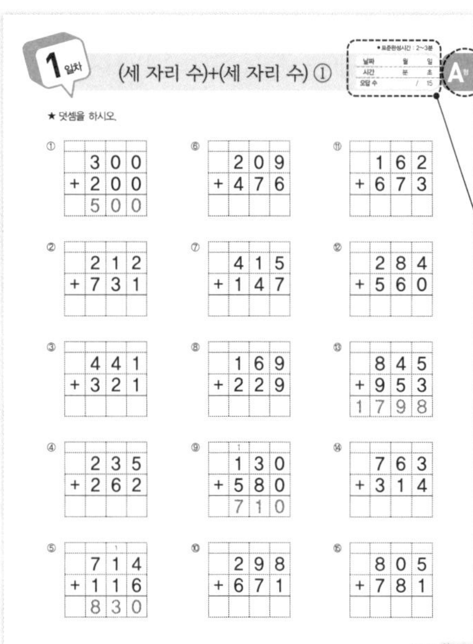
1일차 (세 자리 수)+(세 자리 수) ① A형

★ 덧셈을 하시오.

① 300 + 200 = 500 ⑥ 209 + 476 ⑪ 162 + 673

② 212 + 731 ⑦ 415 + 147 ⑫ 284 + 560

③ 441 + 321 ⑧ 169 + 229 ⑬ 845 + 953 = 1798

④ 235 + 262 ⑨ 130 + 580 = 710 ⑭ 763 + 314

⑤ 714 + 116 = 830 ⑩ 298 + 671 ⑮ 805 + 781

031단계 11

A형, B형 각각의 똑같은 형식의 문제를 5일 동안 반복학습을 하면서 계산력을 향상시킬 수 있습니다.

그날그날 학습한 날짜, 학습하는 데 걸린 시간, 오답 수를 기록하여 아이의 학습 결과를 확인할 수 있습니다.

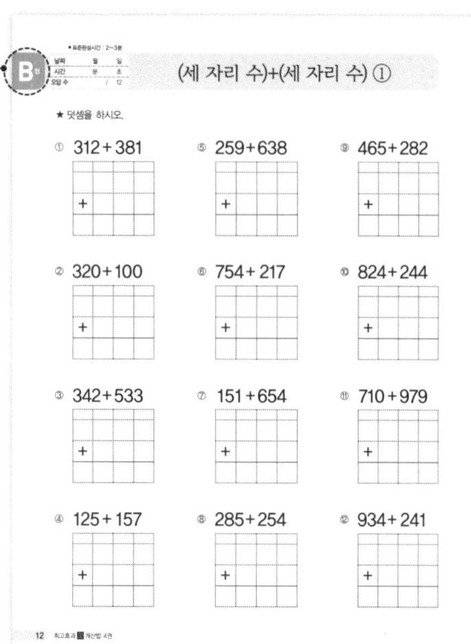
B형 (세 자리 수)+(세 자리 수) ①

★ 덧셈을 하시오.

① 312+381 ⑤ 259+638 ⑨ 465+282

② 320+100 ⑥ 754+217 ⑩ 824+244

③ 342+533 ⑦ 151+654 ⑪ 710+979

④ 125+157 ⑧ 285+254 ⑫ 934+241

12

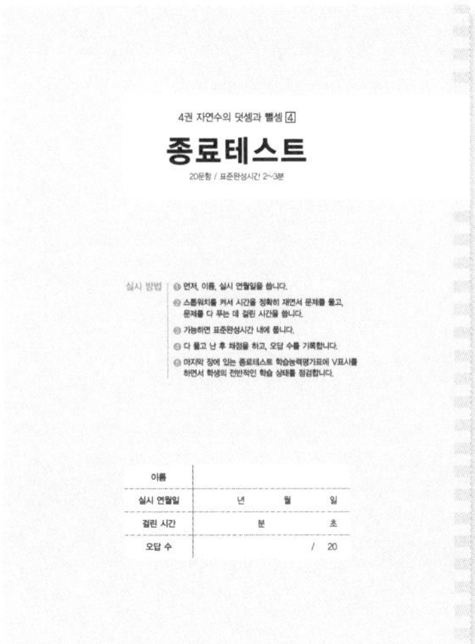

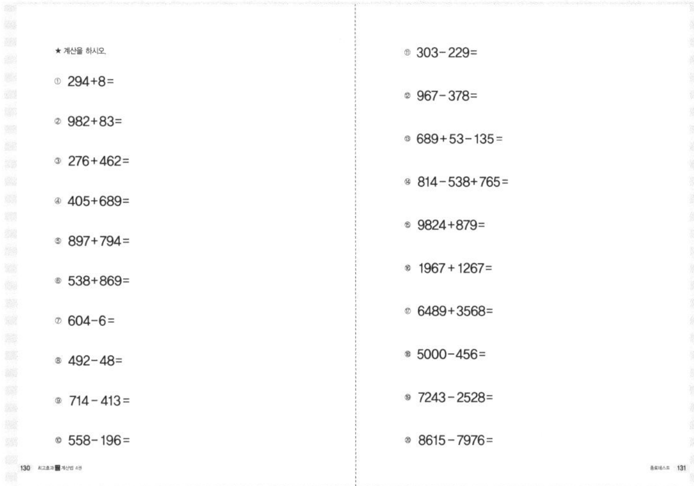

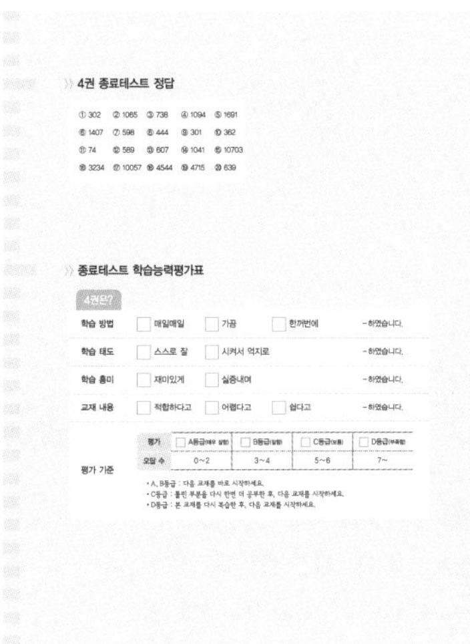

∴ 종료테스트

각 권이 끝날 때마다 종료테스트를 통해 학습한 것을 다시 한번 확인할 수 있습니다.
종료테스트의 정답을 확인하고 '학습능력평가표'를 작성합니다. 나온 평가의 결과대로 다음 교재로 바로 넘어갈지, 좀 더 복습이 필요한지 판단하여 계속해서 학습을 진행할 수 있습니다.

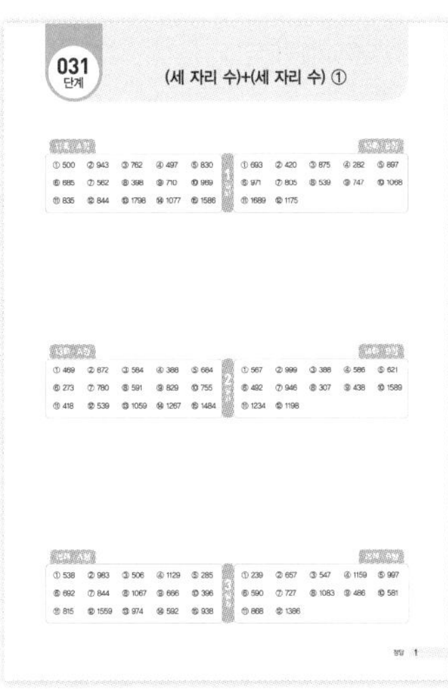

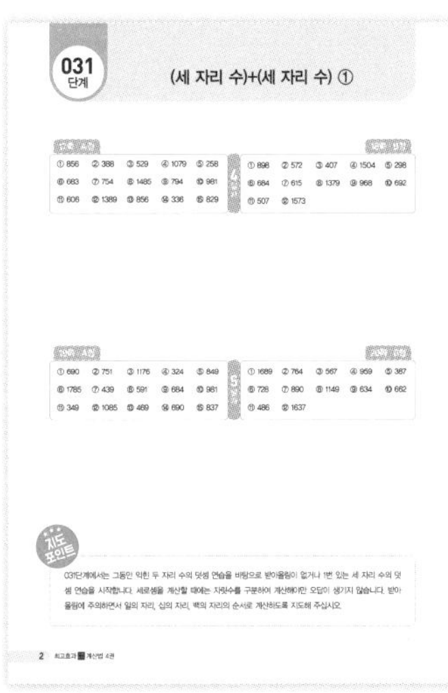

∴ 정답

단계별 정답 확인 후 지도포인트를 확인합니다. 이번 학습을 통해 어떤 부분의 문제해결력을 길렀는지, 또한 틀린 문제를 점검할 때 어떤 부분에 중점을 두고 확인해야 할지 알 수 있습니다.

최고효과 기초탄탄 계산법 전체 학습 내용

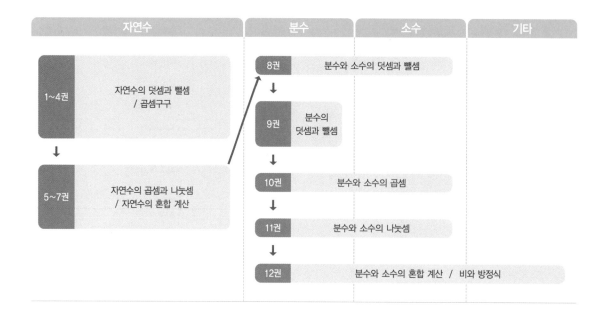

자연수	분수	소수	기타
1~4권 자연수의 덧셈과 뺄셈 / 곱셈구구	8권 분수와 소수의 덧셈과 뺄셈		
↓	9권 분수의 덧셈과 뺄셈		
5~7권 자연수의 곱셈과 나눗셈 / 자연수의 혼합 계산	10권 분수와 소수의 곱셈		
	11권 분수와 소수의 나눗셈		
	12권 분수와 소수의 혼합 계산 / 비와 방정식		

최고효과 기초탄탄 계산법 권별 학습 내용

권장 학년 초1

1권 : 자연수의 덧셈과 뺄셈 [1]		2권 : 자연수의 덧셈과 뺄셈 [2]	
001단계	9까지의 수 모으기와 가르기	011단계	세 수의 덧셈, 뺄셈
002단계	합이 9까지인 덧셈	012단계	받아올림이 있는 (몇)+(몇)
003단계	차가 9까지인 뺄셈	013단계	받아내림이 있는 (십 몇)−(몇)
004단계	덧셈과 뺄셈의 관계 ①	014단계	받아올림 · 받아내림이 있는 덧셈, 뺄셈 종합
005단계	세 수의 덧셈과 뺄셈 ①	015단계	(두 자리 수)+(한 자리 수)
006단계	(몇십)+(몇)	016단계	(몇십)−(몇)
007단계	(몇십 몇)±(몇)	017단계	(두 자리 수)−(한 자리 수)
008단계	(몇십)±(몇십), (몇십 몇)±(몇십 몇)	018단계	(두 자리 수)±(한 자리 수) ①
009단계	10의 모으기와 가르기	019단계	(두 자리 수)±(한 자리 수) ②
010단계	10의 덧셈과 뺄셈	020단계	세 수의 덧셈과 뺄셈 ②

권장 학년 초2

3권 : 자연수의 덧셈과 뺄셈 [3] / 곱셈구구		4권 : 자연수의 덧셈과 뺄셈 [4]	
021단계	(두 자리 수)+(두 자리 수) ①	031단계	(세 자리 수)+(세 자리 수) ①
022단계	(두 자리 수)+(두 자리 수) ②	032단계	(세 자리 수)+(세 자리 수) ②
023단계	(두 자리 수)−(두 자리 수)	033단계	(세 자리 수)−(세 자리 수) ①
024단계	(두 자리 수)±(두 자리 수)	034단계	(세 자리 수)−(세 자리 수) ②
025단계	덧셈과 뺄셈의 관계 ②	035단계	(세 자리 수)±(세 자리 수)
026단계	같은 수를 여러 번 더하기	036단계	세 자리 수의 덧셈, 뺄셈 종합
027단계	2, 5, 3, 4의 단 곱셈구구	037단계	세 수의 덧셈과 뺄셈 ③
028단계	6, 7, 8, 9의 단 곱셈구구	038단계	(네 자리 수)+(세 자리 수 · 네 자리 수)
029단계	곱셈구구 종합 ①	039단계	(네 자리 수)−(세 자리 수 · 네 자리 수)
030단계	곱셈구구 종합 ②	040단계	네 자리 수의 덧셈, 뺄셈 종합

권장 학년 초3

5권 : 자연수의 곱셈과 나눗셈 1		6권 : 자연수의 곱셈과 나눗셈 2	
041단계	같은 수를 여러 번 빼기 ①	051단계	(세 자리 수)×(한 자리 수) ①
042단계	곱셈과 나눗셈의 관계	052단계	(세 자리 수)×(한 자리 수) ②
043단계	곱셈구구 범위에서의 나눗셈 ①	053단계	(두 자리 수)×(두 자리 수) ①
044단계	같은 수를 여러 번 빼기 ②	054단계	(두 자리 수)×(두 자리 수) ②
045단계	곱셈구구 범위에서의 나눗셈 ②	055단계	(세 자리 수)×(두 자리 수) ①
046단계	곱셈구구 범위에서의 나눗셈 ③	056단계	(세 자리 수)×(두 자리 수) ②
047단계	(두 자리 수)×(한 자리 수) ①	057단계	(몇십)÷(몇), (몇백 몇십)÷(몇)
048단계	(두 자리 수)×(한 자리 수) ②	058단계	(두 자리 수)÷(한 자리 수) ①
049단계	(두 자리 수)×(한 자리 수) ③	059단계	(두 자리 수)÷(한 자리 수) ②
050단계	(두 자리 수)×(한 자리 수) ④	060단계	(두 자리 수)÷(한 자리 수) ③

권장 학년 초4

7권 : 자연수의 나눗셈 / 혼합 계산		8권 : 분수와 소수의 덧셈과 뺄셈	
061단계	(세 자리 수)÷(한 자리 수) ①	071단계	대분수를 가분수로, 가분수를 대분수로 나타내기
062단계	(세 자리 수)÷(한 자리 수) ②	072단계	분모가 같은 분수의 덧셈 ①
063단계	몇십으로 나누기	073단계	분모가 같은 분수의 덧셈 ②
064단계	(두 자리 수)÷(두 자리 수) ①	074단계	분모가 같은 분수의 뺄셈 ①
065단계	(두 자리 수)÷(두 자리 수) ②	075단계	분모가 같은 분수의 뺄셈 ②
066단계	(세 자리 수)÷(두 자리 수) ①	076단계	분모가 같은 분수의 덧셈, 뺄셈
067단계	(세 자리 수)÷(두 자리 수) ②	077단계	자릿수가 같은 소수의 덧셈
068단계	(두 자리 수·세 자리 수)÷(두 자리 수)	078단계	자릿수가 다른 소수의 덧셈
069단계	자연수의 혼합 계산 ①	079단계	자릿수가 같은 소수의 뺄셈
070단계	자연수의 혼합 계산 ②	080단계	자릿수가 다른 소수의 뺄셈

권장 학년 초5

9권 : 분수의 덧셈과 뺄셈		10권 : 분수와 소수의 곱셈	
081단계	약수와 배수	091단계	분수와 자연수의 곱셈
082단계	공약수와 최대공약수	092단계	분수의 곱셈 ①
083단계	공배수와 최소공배수	093단계	분수의 곱셈 ②
084단계	최대공약수와 최소공배수	094단계	세 분수의 곱셈
085단계	약분	095단계	분수와 소수
086단계	통분	096단계	소수와 자연수의 곱셈
087단계	분모가 다른 진분수의 덧셈과 뺄셈	097단계	소수의 곱셈 ①
088단계	분모가 다른 대분수의 덧셈과 뺄셈	098단계	소수의 곱셈 ②
089단계	분수의 덧셈과 뺄셈	099단계	분수와 소수의 곱셈
090단계	세 분수의 덧셈과 뺄셈	100단계	분수, 소수, 자연수의 곱셈

권장 학년 초6

11권 : 분수와 소수의 나눗셈		12권 : 분수와 소수의 혼합 계산 / 비와 방정식	
101단계	분수와 자연수의 나눗셈	111단계	분수와 소수의 곱셈과 나눗셈
102단계	분수의 나눗셈 ①	112단계	분수와 소수의 혼합 계산
103단계	분수의 나눗셈 ②	113단계	비와 비율
104단계	소수와 자연수의 나눗셈 ①	114단계	간단한 자연수의 비로 나타내기
105단계	소수와 자연수의 나눗셈 ②	115단계	비례식
106단계	자연수와 자연수의 나눗셈	116단계	비례배분
107단계	소수의 나눗셈 ①	117단계	방정식 ①
108단계	소수의 나눗셈 ②	118단계	방정식 ②
109단계	소수의 나눗셈 ③	119단계	방정식 ③
110단계	분수와 소수의 나눗셈	120단계	방정식 ④

차례

4권 자연수의 덧셈과 뺄셈 4

031단계 (세 자리 수)+(세 자리 수) ①

032단계 (세 자리 수)+(세 자리 수) ②

033단계 (세 자리 수)−(세 자리 수) ①

034단계 (세 자리 수)−(세 자리 수) ②

035단계 (세 자리 수)±(세 자리 수)

036단계 세 자리 수의 덧셈, 뺄셈 종합

037단계 세 수의 덧셈과 뺄셈 ③

038단계 (네 자리 수)+(세 자리 수 · 네 자리 수)

039단계 (네 자리 수)−(세 자리 수 · 네 자리 수)

040단계 네 자리 수의 덧셈, 뺄셈 종합

031단계 (세 자리 수)+(세 자리 수) ①

● **결과 기록지**

① 1~5일차 학습에 걸린 시간을 각각 재서 그래프에 점을 찍습니다.
② 점과 점을 연결하여 기록의 변화를 확인합니다.
③ 오답 수를 세어 오답 수 칸에 씁니다.

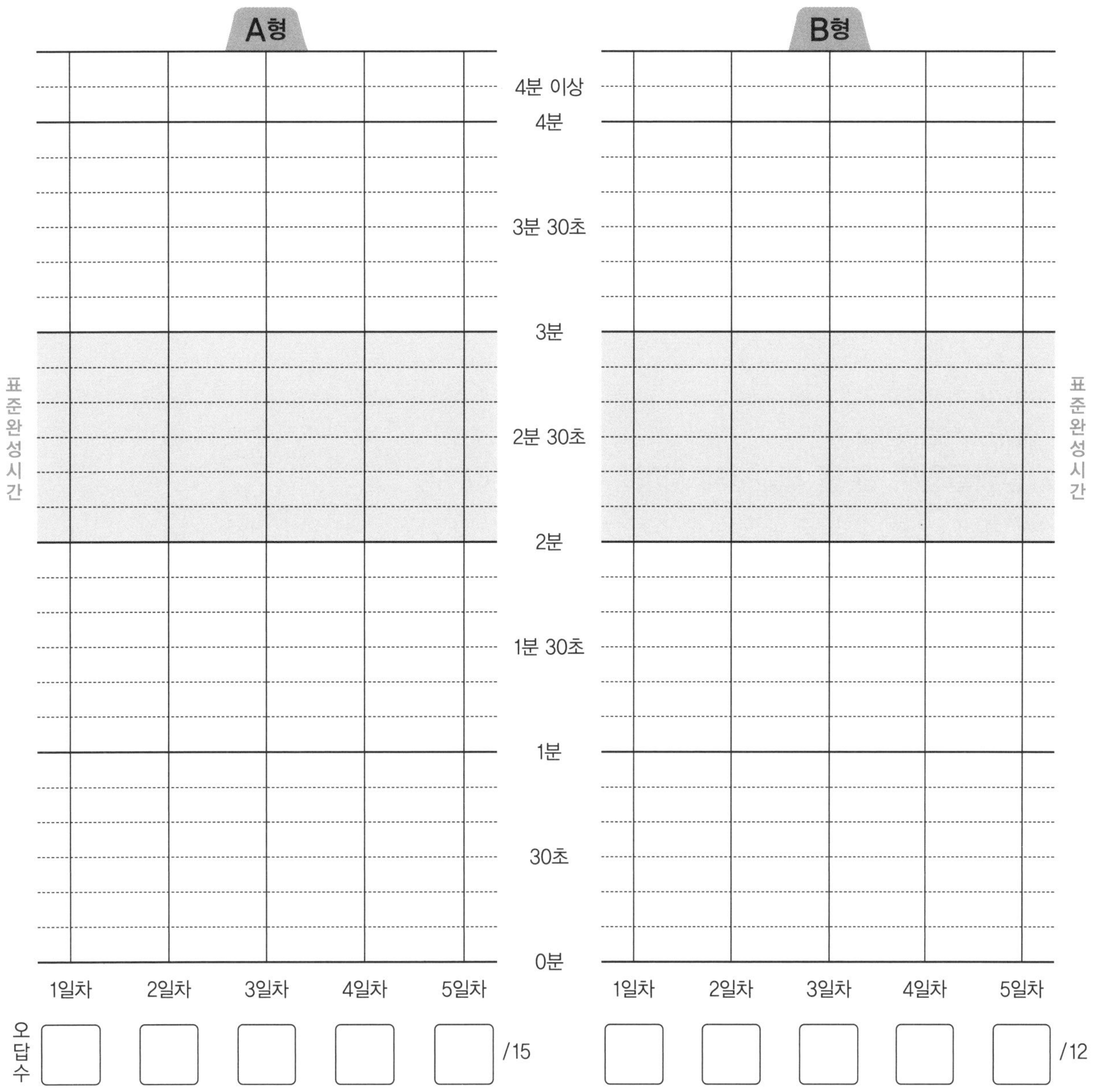

계산력을 기르는 힘!

(세 자리 수)+(세 자리 수) ①

● 받아올림이 없는 (세 자리 수)+(세 자리 수)

일의 자리, 십의 자리, 백의 자리의 순서로 더합니다.

보기

	4	3	2
+	2	3	1
			3

2+1=3

⇨

	4	3	2
+	2	3	1
		6	3

3+3=6

⇨

	4	3	2
+	2	3	1
	6	6	3

4+2=6

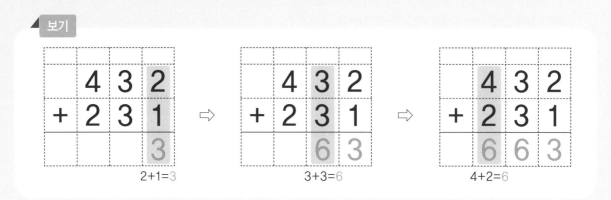

● 받아올림이 한 번 있는 (세 자리 수)+(세 자리 수)

일의 자리, 십의 자리, 백의 자리의 순서로 계산하고, 각 자리 숫자끼리 더하여 10이거나 10보다 크면 바로 윗자리로 받아올림합니다.

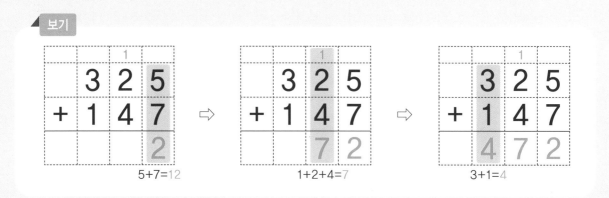

보기

		1	
	3	2	5
+	1	4	7
			2

5+7=12

⇨

		1	
	3	2	5
+	1	4	7
		7	2

1+2+4=7

⇨

		1	
	3	2	5
+	1	4	7
	4	7	2

3+1=4

1 일차 (세 자리 수)+(세 자리 수) ①

● 표준완성시간 : 2~3분

날짜	월	일
시간	분	초
오답 수	/	15

A형

★ 덧셈을 하시오.

① 300 + 200 = 500

② 212 + 731 =

③ 441 + 321 =

④ 235 + 262 =

⑤ 714 + 116 = 830 (carry 1)

⑥ 209 + 476 =

⑦ 415 + 147 =

⑧ 169 + 229 =

⑨ 130 + 580 = 710 (carry 1)

⑩ 298 + 671 =

⑪ 162 + 673 =

⑫ 284 + 560 =

⑬ 845 + 953 = 1798

⑭ 763 + 314 =

⑮ 805 + 781 =

● 표준완성시간 : 2~3분

B형

날짜	월	일
시간	분	초
오답 수	/	12

(세 자리 수)+(세 자리 수) ①

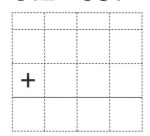

★ 덧셈을 하시오.

① 312+381

② 320+100

③ 342+533

④ 125+157

⑤ 259+638

⑥ 754+217

⑦ 151+654

⑧ 285+254

⑨ 465+282

⑩ 824+244

⑪ 710+979

⑫ 934+241

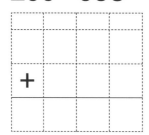

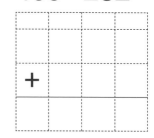

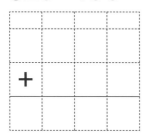

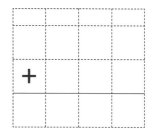

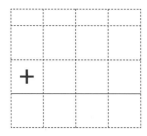

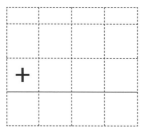

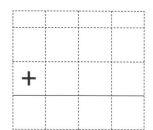

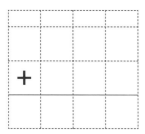

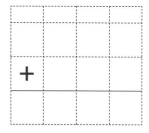

● 표준완성시간 : 2~3분

(세 자리 수)+(세 자리 수) ①

날짜	월	일
시간	분	초
오답 수	/	15

A형

★ 덧셈을 하시오.

①

	3	3	6
+	1	3	3

②

	1	6	2
+	7	1	0

③

	3	6	1
+	2	2	3

④

	1	7	3
+	2	1	5

⑤

	1	0	9
+	5	7	5

⑥

	1	6	5
+	1	0	8

⑦

	2	4	3
+	5	3	7

⑧

	4	2	7
+	1	6	4

⑨

	5	6	7
+	2	6	2

⑩

	2	7	5
+	4	8	0

⑪

	2	6	4
+	1	5	4

⑫

	2	4	1
+	2	9	8

⑬

	9	2	5
+	1	3	4

⑭

	4	5	1
+	8	1	6

⑮

	7	5	3
+	7	3	1

● 표준완성시간 : 2~3분

B형		
날짜	월	일
시간	분	초
오답 수	/	12

(세 자리 수)+(세 자리 수) ①

★ 덧셈을 하시오.

① 143+424

⑤ 315+306

⑨ 275+163

② 382+617

⑥ 139+353

⑩ 674+915

③ 106+282

⑦ 151+795

⑪ 832+402

④ 368+218

⑧ 114+193

⑫ 262+936

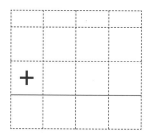

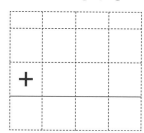

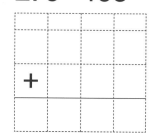

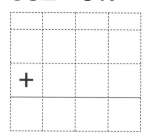

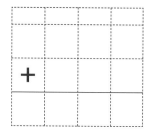

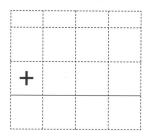

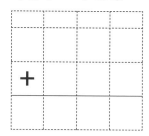

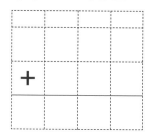

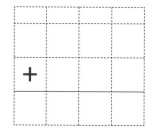

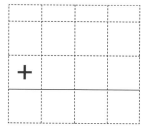

(세 자리 수)+(세 자리 수) ①

●표준완성시간 : 2~3분

날짜	월	일
시간	분	초
오답 수	/	15

A형

★ 덧셈을 하시오.

① $417 + 121 =$

② $629 + 354 =$

③ $125 + 381 =$

④ $822 + 307 =$

⑤ $112 + 173 =$

⑥ $243 + 449 =$

⑦ $683 + 161 =$

⑧ $603 + 464 =$

⑨ $431 + 235 =$

⑩ $267 + 129 =$

⑪ $141 + 674 =$

⑫ $834 + 725 =$

⑬ $352 + 622 =$

⑭ $337 + 255 =$

⑮ $265 + 673 =$

● 표준완성시간 : 2~3분

B형

날짜	월	일
시간	분	초
오답 수	/	12

(세 자리 수)+(세 자리 수) ①

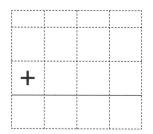

★ 덧셈을 하시오.

① 115 + 124

⑤ 717 + 280

⑨ 244 + 242

② 238 + 419

⑥ 139 + 451

⑩ 432 + 149

③ 164 + 383

⑦ 352 + 375

⑪ 590 + 278

④ 928 + 231

⑧ 362 + 721

⑫ 515 + 871

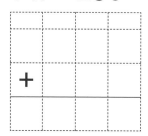

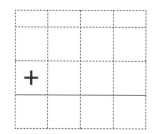

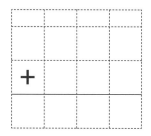

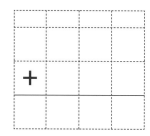

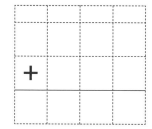

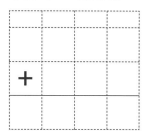

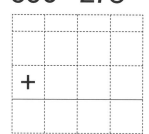

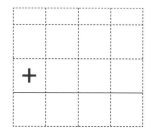

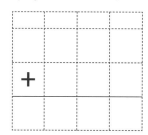

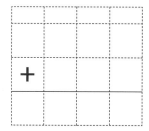

4일차

(세 자리 수)+(세 자리 수) ①

● 표준완성시간 : 2~3분

날짜	월	일
시간	분	초
오답 수	/	15

A형

★ 덧셈을 하시오.

①

	7	0	1
+	1	5	5

②

	1	6	9
+	2	1	9

③

	3	4	7
+	1	8	2

④

	5	1	9
+	5	6	0

⑤

	1	3	2
+	1	2	6

⑥

	3	2	7
+	3	5	6

⑦

	5	9	1
+	1	6	3

⑧

	5	4	2
+	9	4	3

⑨

	5	3	2
+	2	6	2

⑩

	5	4	7
+	4	3	4

⑪

	4	2	2
+	1	8	4

⑫

	4	6	2
+	9	2	7

⑬

	5	1	4
+	3	4	2

⑭

	2	0	8
+	1	2	8

⑮

	3	9	4
+	4	3	5

● 표준완성시간 : 2~3분

B형

날짜	월	일
시간	분	초
오답 수	/	12

(세 자리 수)+(세 자리 수) ①

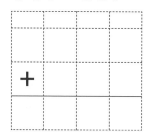

★ 덧셈을 하시오.

① 361+537

⑤ 127+171

⑨ 154+814

② 446+126

⑥ 149+535

⑩ 263+429

③ 176+231

⑦ 352+263

⑪ 182+325

④ 602+902

⑧ 818+561

⑫ 732+841

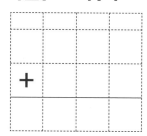

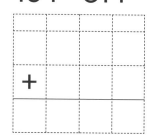

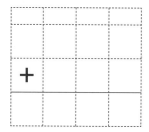

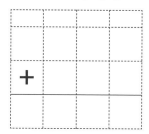

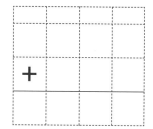

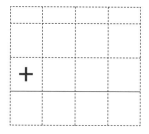

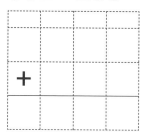

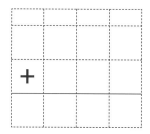

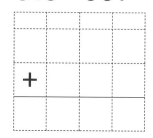

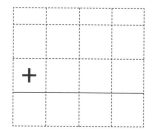

(세 자리 수)+(세 자리 수) ①

● 표준완성시간 : 2~3분

날짜	월	일
시간	분	초
오답 수	/	15

A형

★ 덧셈을 하시오.

① $136 + 554 =$

② $510 + 241 =$

③ $363 + 813 =$

④ $181 + 143 =$

⑤ $177 + 672 =$

⑥ $914 + 871 =$

⑦ $191 + 248 =$

⑧ $276 + 315 =$

⑨ $453 + 231 =$

⑩ $438 + 543 =$

⑪ $206 + 143 =$

⑫ $423 + 662 =$

⑬ $253 + 216 =$

⑭ $261 + 429 =$

⑮ $452 + 385 =$

● 표준완성시간 : 2~3분

B형		
날짜	월	일
시간	분	초
오답 수	/ 12	

(세 자리 수)+(세 자리 수) ①

★ 덧셈을 하시오.

① 745 + 944

⑤ 176 + 211

⑨ 271 + 363

② 535 + 229

⑥ 541 + 187

⑩ 247 + 415

③ 131 + 436

⑦ 357 + 533

⑪ 261 + 225

④ 288 + 671

⑧ 432 + 717

⑫ 802 + 835

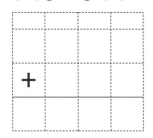

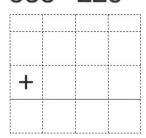

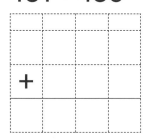

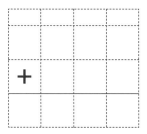

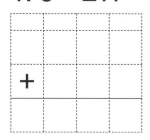

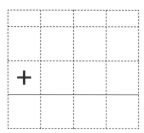

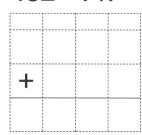

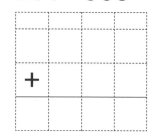

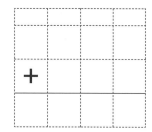

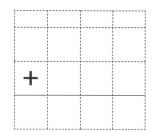

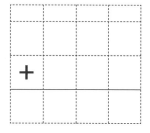

032단계 (세 자리 수)+(세 자리 수) ②

● **결과 기록지**

① 1~5일차 학습에 걸린 시간을 각각 재서 그래프에 점을 찍습니다.
② 점과 점을 연결하여 기록의 변화를 확인합니다.
③ 오답 수를 세어 오답 수 칸에 씁니다.

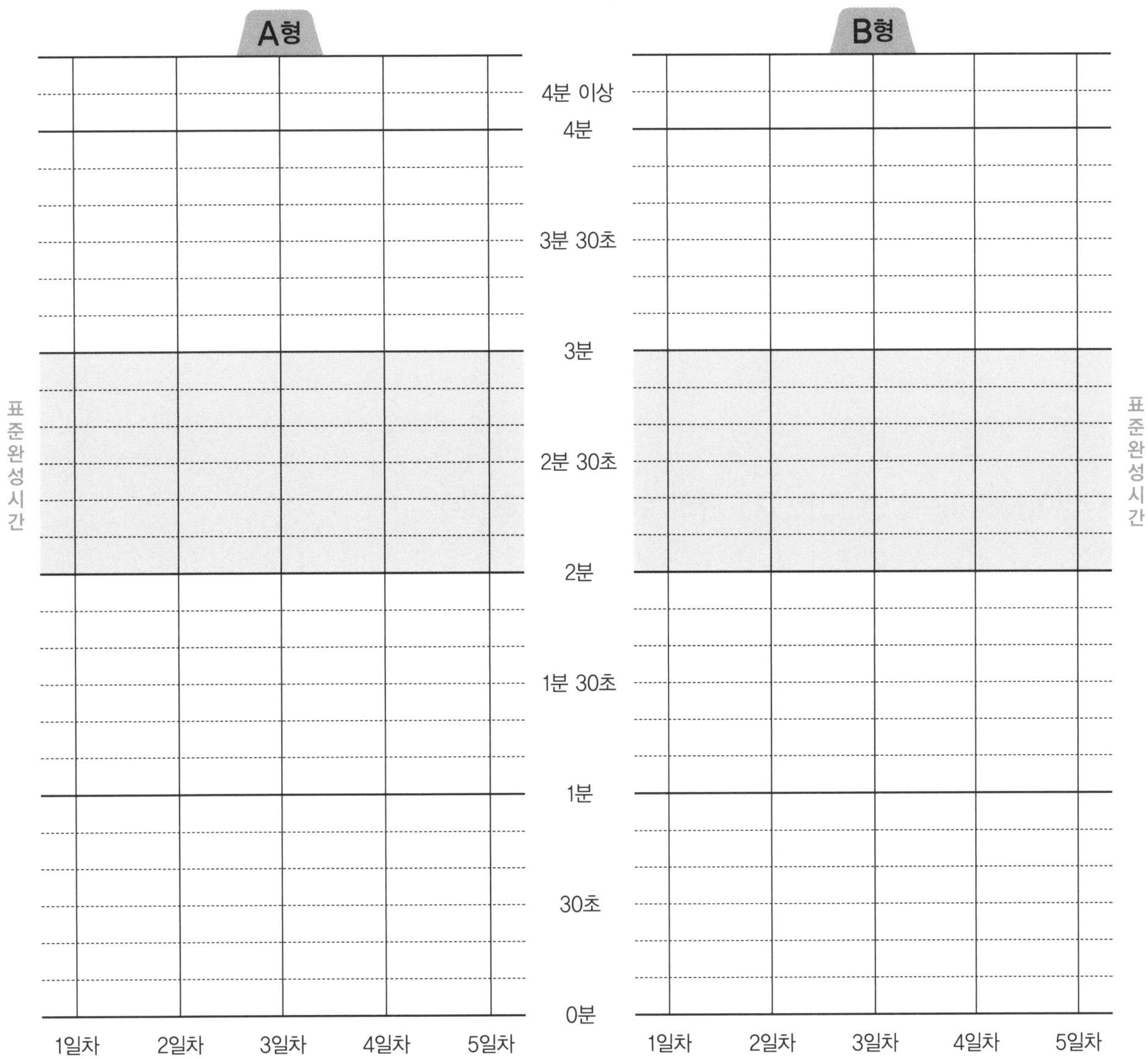

오답 수 /15 /12

(세 자리 수)+(세 자리 수) ②

● 받아올림이 두 번 있는 (세 자리 수)+(세 자리 수)

일의 자리, 십의 자리, 백의 자리의 순서로 계산하고, 각 자리 숫자끼리 더하여 10이거나 10보다 크면 바로 윗자리로 받아올림합니다.

보기

		1	
	3	5	8
+	2	7	4
			2

8+4=12

⇨

	1	1	
	3	5	8
+	2	7	4
		3	2

1+5+7=13

⇨

	1	1	
	3	5	8
+	2	7	4
	6	3	2

1+3+2=6

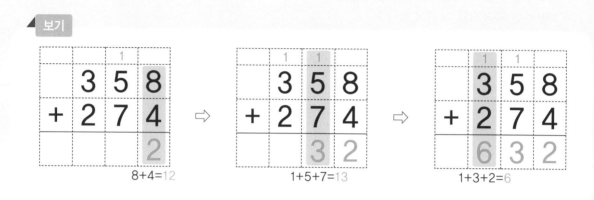

● 받아올림이 세 번 있는 (세 자리 수)+(세 자리 수)

일의 자리, 십의 자리, 백의 자리의 순서로 계산하고, 각 자리 숫자끼리 더하여 10이거나 10보다 크면 바로 윗자리로 받아올림합니다.

보기

		1	
	6	7	5
+	5	4	9
			4

5+9=14

⇨

	1	1	
	6	7	5
+	5	4	9
		2	4

1+7+4=12

⇨

	1	1	
	6	7	5
+	5	4	9
1	2	2	4

1+6+5=12

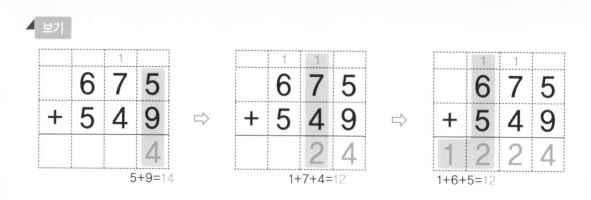

(세 자리 수)+(세 자리 수) ②

● 표준완성시간 : 2~3분

날짜	월	일
시간	분	초
오답 수	/	15

★ 덧셈을 하시오.

① 295 + 428 = 723

② 138 + 176 =

③ 376 + 286 =

④ 429 + 471 =

⑤ 756 + 924 = 1680

⑥ 327 + 826 =

⑦ 416 + 808 =

⑧ 835 + 436 =

⑨ 996 + 743 = 1739

⑩ 152 + 971 =

⑪ 670 + 940 =

⑫ 751 + 754 =

⑬ 499 + 663 = 1162

⑭ 668 + 759 =

⑮ 257 + 995 =

● 표준완성시간 : 2~3분

B형	
날짜	월 일
시간	분 초
오답 수	/ 12

(세 자리 수)+(세 자리 수) ②

★ 덧셈을 하시오.

① 278+537

② 484+139

③ 193+289

④ 208+865

⑤ 964+927

⑥ 918+518

⑦ 484+520

⑧ 671+577

⑨ 665+791

⑩ 754+596

⑪ 857+684

⑫ 747+388

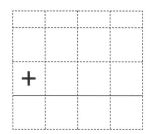

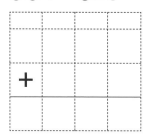

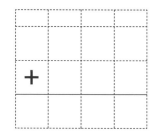

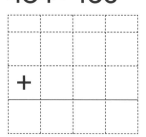

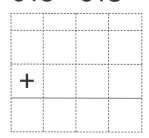

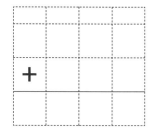

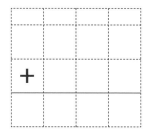

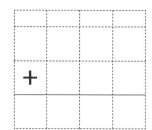

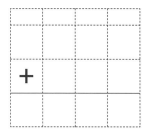

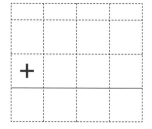

(세 자리 수)+(세 자리 수) ②

● 표준완성시간 : 2~3분

날짜	월	일
시간	분	초
오답 수	/	15

A형

★ 덧셈을 하시오.

① 176 + 698 =

② 388 + 172 =

③ 234 + 387 =

④ 493 + 289 =

⑤ 317 + 736 =

⑥ 865 + 517 =

⑦ 639 + 655 =

⑧ 908 + 903 =

⑨ 594 + 623 =

⑩ 981 + 645 =

⑪ 840 + 891 =

⑫ 163 + 946 =

⑬ 892 + 649 =

⑭ 785 + 595 =

⑮ 829 + 187 =

● 표준완성시간 : 2~3분

B형

날짜	월	일
시간	분	초
오답 수	/ 12	

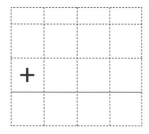

(세 자리 수)+(세 자리 수) ②

★ 덧셈을 하시오.

① 275+138

② 387+434

③ 174+498

④ 926+429

⑤ 574+716

⑥ 215+819

⑦ 397+810

⑧ 182+896

⑨ 874+471

⑩ 726+297

⑪ 969+753

⑫ 574+587

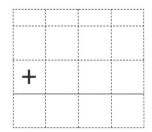

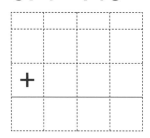

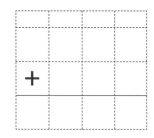

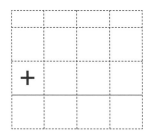

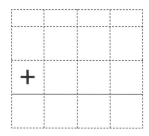

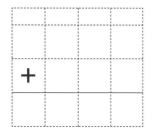

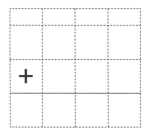

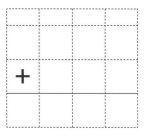

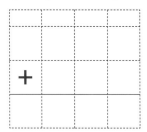

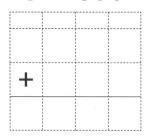

(세 자리 수)+(세 자리 수) ②

● 표준완성시간 : 2~3분

날짜	월	일
시간	분	초
오답 수	/	15

A형

★ 덧셈을 하시오.

① 149 + 298 =

⑥ 103 + 957 =

⑪ 952 + 787 =

② 956 + 238 =

⑦ 825 + 894 =

⑫ 764 + 738 =

③ 896 + 711 =

⑧ 967 + 566 =

⑬ 139 + 384 =

④ 389 + 959 =

⑨ 386 + 144 =

⑭ 826 + 955 =

⑤ 295 + 466 =

⑩ 786 + 409 =

⑮ 683 + 722 =

● 표준완성시간 : 2~3분

B형

날짜	월	일
시간	분	초
오답 수	/	12

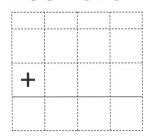

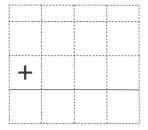

(세 자리 수)+(세 자리 수) ②

★ 덧셈을 하시오.

① 293+378

⑤ 147+165

⑨ 548+198

② 452+728

⑥ 538+937

⑩ 339+942

③ 782+951

⑦ 876+362

⑪ 664+685

④ 858+176

⑧ 795+396

⑫ 358+752

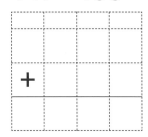

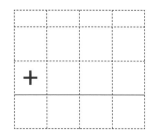

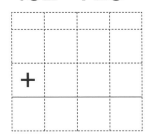

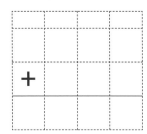

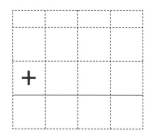

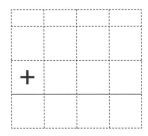

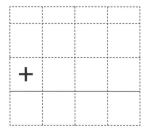

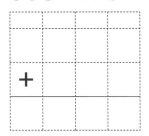

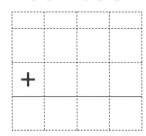

(세 자리 수)+(세 자리 수) ②

● 표준완성시간 : 2~3분

날짜	월	일
시간	분	초
오답 수		/ 15

A형

★ 덧셈을 하시오.

①

	4	1	9
+	3	9	6

②

	9	4	5
+	8	2	5

③

	6	9	7
+	7	5	1

④

	4	6	3
+	8	4	8

⑤

	2	5	8
+	2	6	5

⑥

	7	4	7
+	5	1	9

⑦

	7	9	1
+	8	3	6

⑧

	1	3	9
+	8	6	1

⑨

	2	8	7
+	3	8	4

⑩

	3	1	9
+	7	5	9

⑪

	4	9	3
+	9	7	5

⑫

	9	6	8
+	2	8	6

⑬

	1	6	4
+	4	6	7

⑭

	5	0	8
+	8	3	4

⑮

	5	2	7
+	7	9	2

● 표준완성시간 : 2~3분

B형

날짜	월	일
시간	분	초
오답 수		/ 12

(세 자리 수)+(세 자리 수) ②

★ 덧셈을 하시오.

① 137 + 397

⑤ 168 + 192

⑨ 409 + 499

② 856 + 935

⑥ 729 + 665

⑩ 528 + 754

③ 845 + 364

⑦ 923 + 682

⑪ 755 + 381

④ 859 + 798

⑧ 591 + 549

⑫ 628 + 878

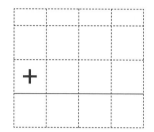

(세 자리 수)+(세 자리 수) ②

● 표준완성시간 : 2~3분

날짜	월	일
시간	분	초
오답 수		/ 15

A형

★ 덧셈을 하시오.

① $\begin{array}{r} 644 \\ +\ 357 \\ \hline \end{array}$

⑥ $\begin{array}{r} 187 \\ +\ 275 \\ \hline \end{array}$

⑪ $\begin{array}{r} 228 \\ +\ 945 \\ \hline \end{array}$

② $\begin{array}{r} 374 \\ +\ 964 \\ \hline \end{array}$

⑦ $\begin{array}{r} 949 \\ +\ 781 \\ \hline \end{array}$

⑫ $\begin{array}{r} 294 \\ +\ 286 \\ \hline \end{array}$

③ $\begin{array}{r} 178 \\ +\ 686 \\ \hline \end{array}$

⑧ $\begin{array}{r} 965 \\ +\ 326 \\ \hline \end{array}$

⑬ $\begin{array}{r} 665 \\ +\ 752 \\ \hline \end{array}$

④ $\begin{array}{r} 837 \\ +\ 319 \\ \hline \end{array}$

⑨ $\begin{array}{r} 951 \\ +\ 297 \\ \hline \end{array}$

⑭ $\begin{array}{r} 937 \\ +\ 647 \\ \hline \end{array}$

⑤ $\begin{array}{r} 464 \\ +\ 942 \\ \hline \end{array}$

⑩ $\begin{array}{r} 176 \\ +\ 149 \\ \hline \end{array}$

⑮ $\begin{array}{r} 673 \\ +\ 698 \\ \hline \end{array}$

● 표준완성시간 : 2~3분

날짜	월	일
시간	분	초
오답 수		/ 12

B형 (세 자리 수)+(세 자리 수) ②

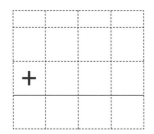

★ 덧셈을 하시오.

① 918+459

② 492+758

③ 960+970

④ 668+187

⑤ 583+842

⑥ 536+395

⑦ 877+319

⑧ 777+777

⑨ 836+169

⑩ 435+937

⑪ 279+163

⑫ 261+963

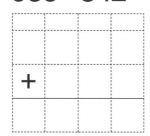

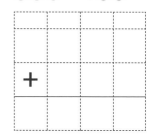

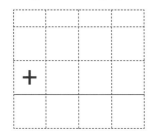

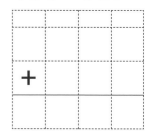

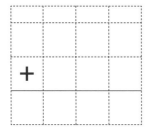

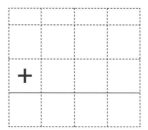

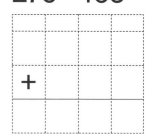

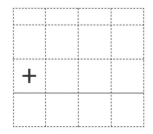

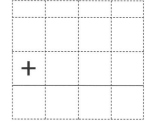

033 단계

(세 자리 수)-(세 자리 수) ①

● **결과 기록지**

① 1~5일차 학습에 걸린 시간을 각각 재서 그래프에 점을 찍습니다.
② 점과 점을 연결하여 기록의 변화를 확인합니다.
③ 오답 수를 세어 오답 수 칸에 씁니다.

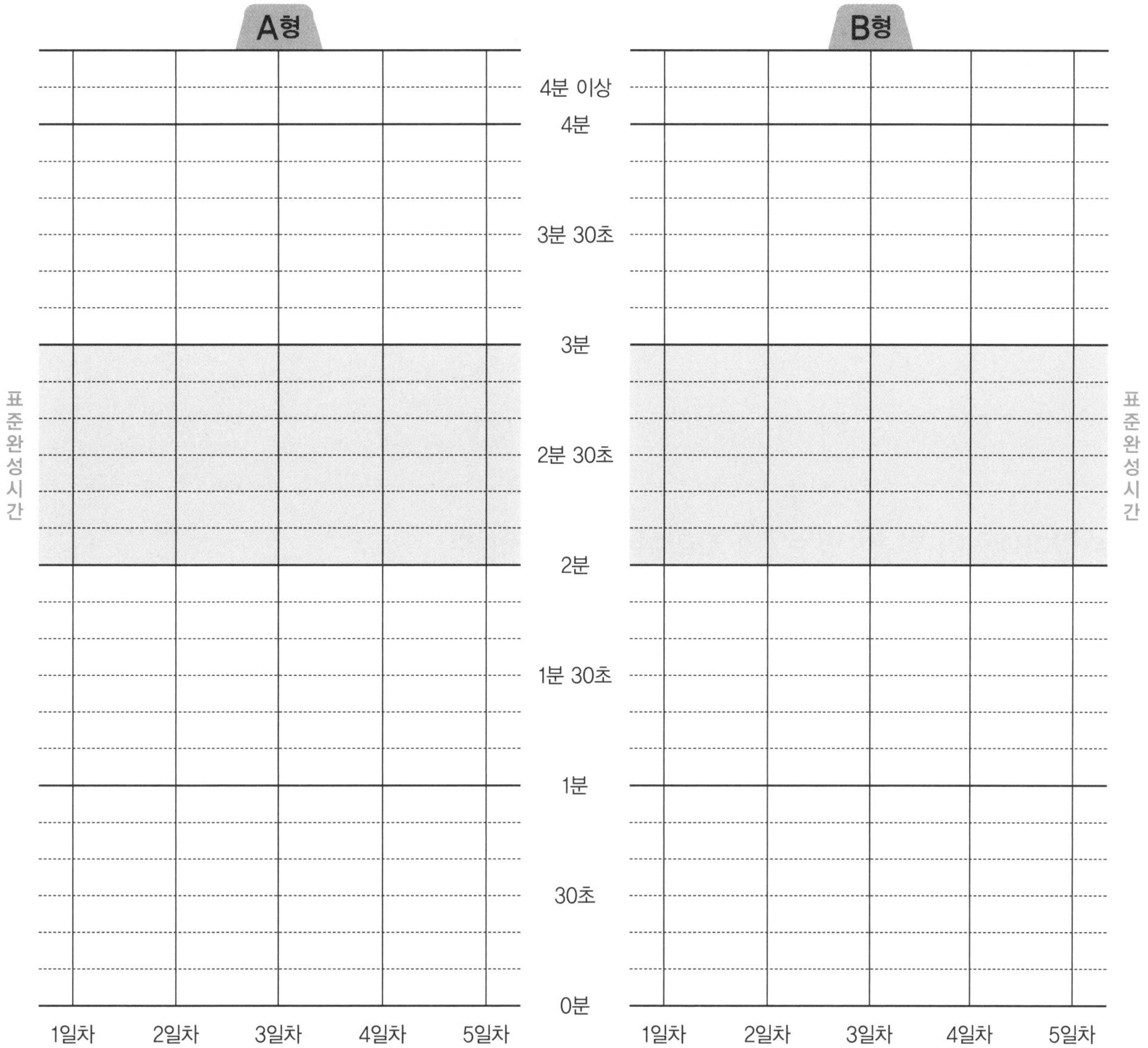

오답 수 /15 /12

계산력을 기르는 힘!

(세 자리 수)−(세 자리 수) ①

● 받아내림이 없는 (세 자리 수)−(세 자리 수)

일의 자리, 십의 자리, 백의 자리의 순서로 계산합니다.

보기

	4	7	3
−	1	5	1
			2

3−1=2

⇨

	4	7	3
−	1	5	1
		2	2

7−5=2

⇨

	4	7	3
−	1	5	1
	3	2	2

4−1=3

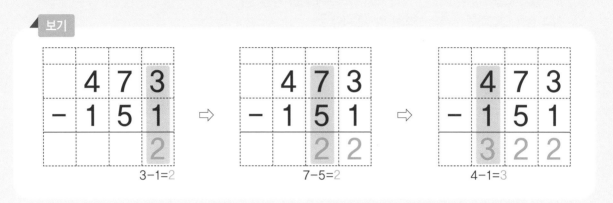

● 받아내림이 한 번 있는 (세 자리 수)−(세 자리 수)

일의 자리, 십의 자리, 백의 자리의 순서로 받아내림에 주의하여 계산합니다.

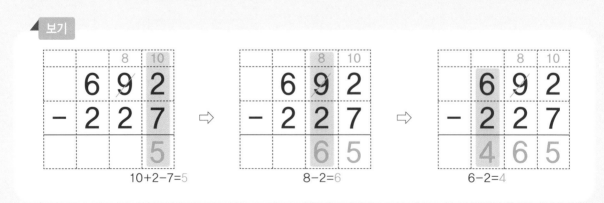

보기

		8	10
	6	~~9~~	2
−	2	2	7
			5

10+2−7=5

⇨

		8	10
	6	~~9~~	2
−	2	2	7
		6	5

8−2=6

⇨

		8	10
	6	~~9~~	2
−	2	2	7
	4	6	5

6−2=4

1 일차

(세 자리 수)−(세 자리 수) ①

● 표준완성시간 : 2~3분

날짜	월	일
시간	분	초
오답 수	/ 15	

A형

★ 뺄셈을 하시오.

①
$$\begin{array}{r} 600 \\ -\ 100 \\ \hline 500 \end{array}$$

②
$$\begin{array}{r} 547 \\ -\ 413 \\ \hline \end{array}$$

③
$$\begin{array}{r} 974 \\ -\ 254 \\ \hline \end{array}$$

④
$$\begin{array}{r} 498 \\ -\ 263 \\ \hline \end{array}$$

⑤
$$\begin{array}{r} 562 \\ -\ 501 \\ \hline \end{array}$$

⑥ (7 10)
$$\begin{array}{r} 880 \\ -\ 279 \\ \hline 601 \end{array}$$

⑦
$$\begin{array}{r} 594 \\ -\ 315 \\ \hline \end{array}$$

⑧
$$\begin{array}{r} 852 \\ -\ 126 \\ \hline \end{array}$$

⑨
$$\begin{array}{r} 761 \\ -\ 237 \\ \hline \end{array}$$

⑩
$$\begin{array}{r} 783 \\ -\ 745 \\ \hline \end{array}$$

⑪ (6 10)
$$\begin{array}{r} 751 \\ -\ 460 \\ \hline 291 \end{array}$$

⑫
$$\begin{array}{r} 317 \\ -\ 181 \\ \hline \end{array}$$

⑬
$$\begin{array}{r} 659 \\ -\ 275 \\ \hline \end{array}$$

⑭
$$\begin{array}{r} 806 \\ -\ 636 \\ \hline \end{array}$$

⑮
$$\begin{array}{r} 449 \\ -\ 397 \\ \hline \end{array}$$

● 표준완성시간 : 2~3분

B형

날짜	월	일
시간	분	초
오답 수	/	12

(세 자리 수)-(세 자리 수) ①

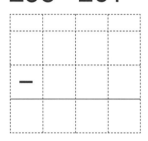

★ 뺄셈을 하시오.

① 295-201

② 930-810

③ 576-264

④ 819-313

⑤ 671-343

⑥ 391-345

⑦ 836-429

⑧ 720-208

⑨ 928-275

⑩ 437-140

⑪ 647-563

⑫ 528-398

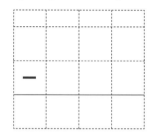

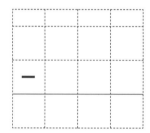

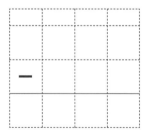

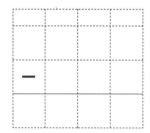

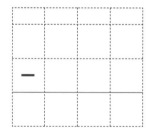

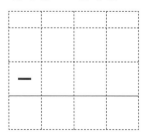

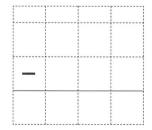

(세 자리 수)−(세 자리 수) ①

● 표준완성시간 : 2~3분

날짜	월	일
시간	분	초
오답 수	/	15

A형

★ 뺄셈을 하시오.

①
$$\begin{array}{r} 580 \\ -\,200 \\ \hline \end{array}$$

②
$$\begin{array}{r} 696 \\ -\,654 \\ \hline \end{array}$$

③
$$\begin{array}{r} 638 \\ -\,226 \\ \hline \end{array}$$

④
$$\begin{array}{r} 865 \\ -\,130 \\ \hline \end{array}$$

⑤
$$\begin{array}{r} 693 \\ -\,593 \\ \hline \end{array}$$

⑥
$$\begin{array}{r} 943 \\ -\,126 \\ \hline \end{array}$$

⑦
$$\begin{array}{r} 258 \\ -\,119 \\ \hline \end{array}$$

⑧
$$\begin{array}{r} 775 \\ -\,658 \\ \hline \end{array}$$

⑨
$$\begin{array}{r} 850 \\ -\,846 \\ \hline \end{array}$$

⑩
$$\begin{array}{r} 893 \\ -\,337 \\ \hline \end{array}$$

⑪
$$\begin{array}{r} 718 \\ -\,297 \\ \hline \end{array}$$

⑫
$$\begin{array}{r} 909 \\ -\,840 \\ \hline \end{array}$$

⑬
$$\begin{array}{r} 829 \\ -\,247 \\ \hline \end{array}$$

⑭
$$\begin{array}{r} 732 \\ -\,382 \\ \hline \end{array}$$

⑮
$$\begin{array}{r} 314 \\ -\,143 \\ \hline \end{array}$$

● 표준완성시간 : 2~3분

B형

날짜	월	일
시간	분	초
오답 수	/	12

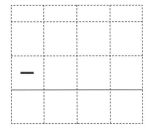

(세 자리 수)-(세 자리 수) ①

★ 뺄셈을 하시오.

① 689 - 168

⑤ 462 - 425

⑨ 945 - 785

② 787 - 457

⑥ 573 - 169

⑩ 416 - 224

③ 143 - 100

⑦ 796 - 548

⑪ 807 - 170

④ 978 - 214

⑧ 821 - 716

⑫ 624 - 531

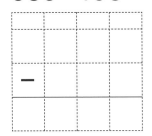

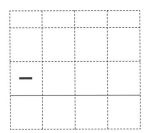

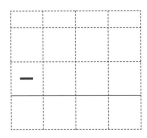

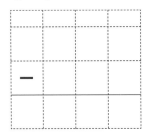

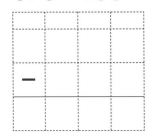

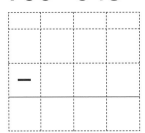

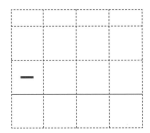

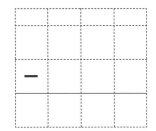

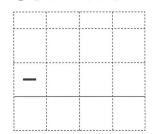

(세 자리 수)-(세 자리 수) ①

● 표준완성시간 : 2~3분

날짜	월	일
시간	분	초
오답 수	/	15

A형

★ 뺄셈을 하시오.

① $\begin{array}{r} 948 \\ -\ 632 \\ \hline \end{array}$

② $\begin{array}{r} 790 \\ -\ 515 \\ \hline \end{array}$

③ $\begin{array}{r} 263 \\ -\ 173 \\ \hline \end{array}$

④ $\begin{array}{r} 657 \\ -\ 143 \\ \hline \end{array}$

⑤ $\begin{array}{r} 784 \\ -\ 407 \\ \hline \end{array}$

⑥ $\begin{array}{r} 406 \\ -\ 220 \\ \hline \end{array}$

⑦ $\begin{array}{r} 958 \\ -\ 935 \\ \hline \end{array}$

⑧ $\begin{array}{r} 535 \\ -\ 229 \\ \hline \end{array}$

⑨ $\begin{array}{r} 476 \\ -\ 195 \\ \hline \end{array}$

⑩ $\begin{array}{r} 597 \\ -\ 136 \\ \hline \end{array}$

⑪ $\begin{array}{r} 792 \\ -\ 148 \\ \hline \end{array}$

⑫ $\begin{array}{r} 619 \\ -\ 252 \\ \hline \end{array}$

⑬ $\begin{array}{r} 405 \\ -\ 205 \\ \hline \end{array}$

⑭ $\begin{array}{r} 287 \\ -\ 218 \\ \hline \end{array}$

⑮ $\begin{array}{r} 938 \\ -\ 784 \\ \hline \end{array}$

● 표준완성시간 : 2~3분

B형

날짜	월	일
시간	분	초
오답 수	/	12

(세 자리 수)-(세 자리 수) ①

★ 빨셈을 하시오.

① 786 - 173

② 413 - 405

③ 859 - 161

④ 848 - 620

⑤ 985 - 328

⑥ 539 - 478

⑦ 389 - 156

⑧ 651 - 137

⑨ 915 - 462

⑩ 779 - 725

⑪ 360 - 241

⑫ 828 - 598

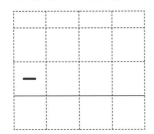

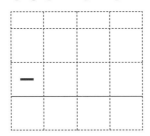

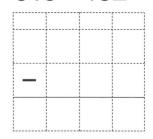

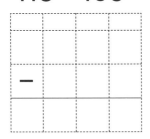

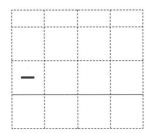

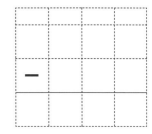

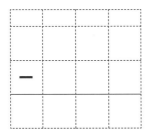

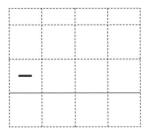

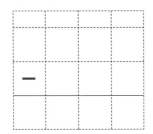

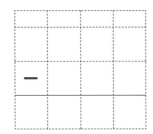

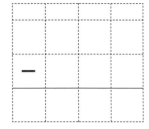

(세 자리 수)-(세 자리 수) ①

● 표준완성시간 : 2~3분

날짜	월	일
시간	분	초
오답 수	/	15

A형

★ 뺄셈을 하시오.

① $397 - 184$

② $181 - 139$

③ $936 - 765$

④ $879 - 254$

⑤ $982 - 177$

⑥ $707 - 441$

⑦ $646 - 102$

⑧ $694 - 328$

⑨ $712 - 641$

⑩ $468 - 264$

⑪ $595 - 337$

⑫ $839 - 646$

⑬ $542 - 510$

⑭ $973 - 529$

⑮ $605 - 471$

● 표준완성시간 : 2~3분

B형

날짜	월 일
시간	분 초
오답 수	/ 12

(세 자리 수)-(세 자리 수) ①

★ 뺄셈을 하시오.

① 985-924

⑤ 686-239

⑨ 602-521

② 480-316

⑥ 718-187

⑩ 839-507

③ 723-561

⑦ 357-234

⑪ 961-512

④ 590-130

⑧ 392-364

⑫ 947-473

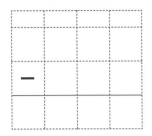

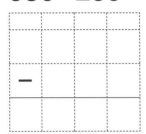

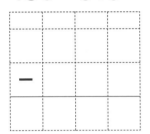

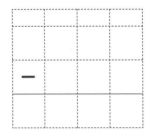

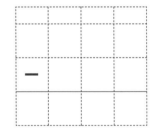

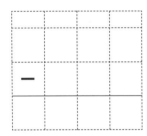

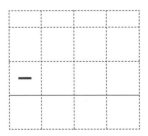

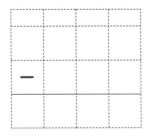

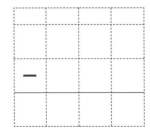

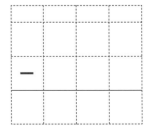

5일차

(세 자리 수)-(세 자리 수) ①

● 표준완성시간 : 2~3분

날짜	월	일
시간	분	초
오답 수	/	15

A형

★ 뺄셈을 하시오.

① $506 - 283$

② $384 - 242$

③ $277 - 239$

④ $549 - 164$

⑤ $640 - 135$

⑥ $856 - 804$

⑦ $747 - 496$

⑧ $982 - 325$

⑨ $789 - 261$

⑩ $985 - 619$

⑪ $328 - 137$

⑫ $984 - 254$

⑬ $459 - 148$

⑭ $562 - 328$

⑮ $267 - 171$

● 표준완성시간 : 2~3분

B형

날짜	월 일
시간	분 초
오답 수	/ 12

(세 자리 수)-(세 자리 수) ①

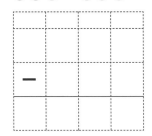

★ 뺄셈을 하시오.

① 886 - 396

② 961 - 553

③ 590 - 273

④ 169 - 142

⑤ 476 - 350

⑥ 564 - 535

⑦ 904 - 192

⑧ 795 - 694

⑨ 309 - 216

⑩ 778 - 214

⑪ 493 - 187

⑫ 818 - 665

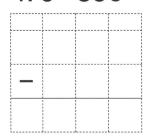

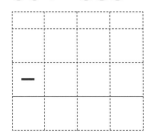

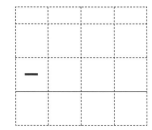

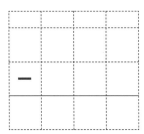

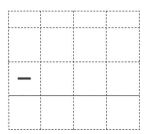

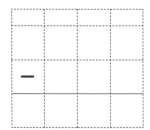

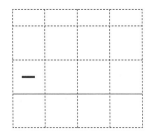

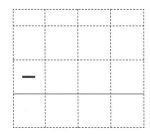

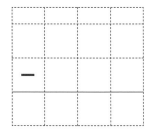

034단계 (세 자리 수)-(세 자리 수) ②

● **결과 기록지**

① 1~5일차 학습에 걸린 시간을 각각 재서 그래프에 점을 찍습니다.
② 점과 점을 연결하여 기록의 변화를 확인합니다.
③ 오답 수를 세어 오답 수 칸에 씁니다.

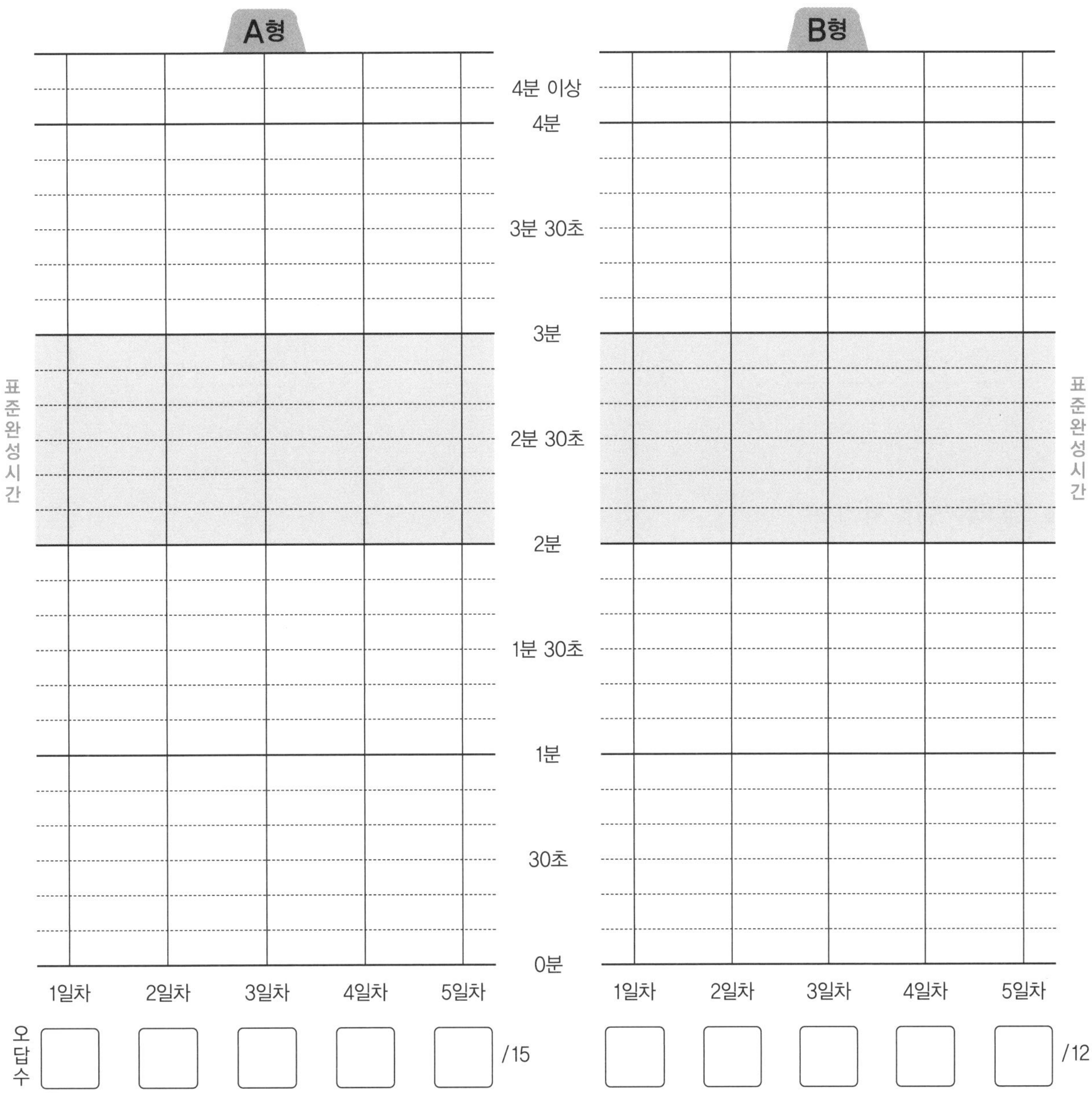

계산력을 기르는 힘!

(세 자리 수)−(세 자리 수) ②

● 받아내림이 두 번 있는 (세 자리 수)−(세 자리 수)

일의 자리, 십의 자리, 백의 자리의 순서로 받아내림에 주의하여 계산합니다.

보기

		1	10
	8	~~2~~	3
−	3	5	6
			7

일의 자리 계산 :
3에서 6을 뺄 수 없으므로 십의 자리에서 받아내림합니다.
10+3−6=7

⇨

		10	
	7	1	10
	~~8~~	~~2~~	3
−	3	5	6
		6	7

십의 자리 계산 :
1에서 5를 뺄 수 없으므로 백의 자리에서 받아내림합니다.
10+1−5=6

⇨

		10	
	7	1	10
	~~8~~	~~2~~	3
−	3	5	6
	4	6	7

백의 자리 계산 :
받아내림하고 남은 7에서 3을 뺀 숫자를 백의 자리에 씁니다.
7−3=4

● (몇백)−(세 자리 수)

백의 자리에서 십의 자리로 받아내림하고, 십의 자리에서 일의 자리로 받아내림하여 일의 자리, 십의 자리, 백의 자리의 순서로 계산합니다.

보기

	5	10	
	~~6~~	0	0
−	1	5	4

백의 자리에서 십의 자리로 받아내림합니다.

⇨

		9	
	5	~~10~~	10
	~~6~~	0	0
−	1	5	4

십의 자리에서 일의 자리로 받아내림합니다.

⇨

	5	9	10
	~~6~~	0	0
−	1	5	4
	4	4	6

일의 자리 : 10−4=6
십의 자리 : 9−5=4
백의 자리 : 5−1=4

(세 자리 수)-(세 자리 수) ②

●표준완성시간 : 2~3분

날짜	월	일
시간	분	초
오답 수	/ 15	

A형

★ 뺄셈을 하시오.

① $730 - 198 = 532$

② $530 - 455$

③ $983 - 184$

④ $732 - 376$

⑤ $327 - 149$

⑥ $550 - 261$

⑦ $640 - 397$

⑧ $921 - 257$

⑨ $835 - 638$

⑩ $253 - 185$

⑪ $300 - 176 = 124$

⑫ $900 - 412$

⑬ $800 - 763$

⑭ $505 - 136 = 369$

⑮ $805 - 547$

● 표준완성시간 : 2~3분

B형

날짜	월	일
시간	분	초
오답 수	/	12

(세 자리 수)-(세 자리 수) ②

★ 뺄셈을 하시오.

① 820-429

② 443-287

③ 352-274

④ 918-669

⑤ 720-634

⑥ 676-289

⑦ 451-198

⑧ 832-289

⑨ 600-182

⑩ 500-327

⑪ 904-705

⑫ 403-356

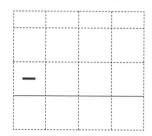

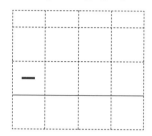

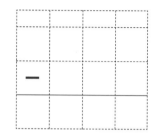

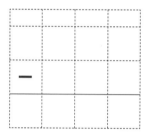

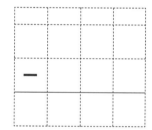

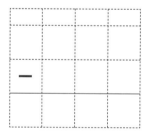

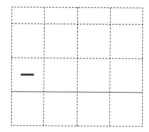

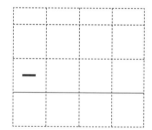

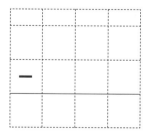

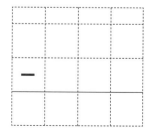

2일차

(세 자리 수)−(세 자리 수) ②

● 표준완성시간 : 2~3분

날짜	월	일
시간	분	초
오답 수	/	15

A형

★ 뺄셈을 하시오.

①
$$\begin{array}{r} 920 \\ -\ 586 \\ \hline \end{array}$$

②
$$\begin{array}{r} 845 \\ -\ 369 \\ \hline \end{array}$$

③
$$\begin{array}{r} 862 \\ -\ 777 \\ \hline \end{array}$$

④
$$\begin{array}{r} 653 \\ -\ 495 \\ \hline \end{array}$$

⑤
$$\begin{array}{r} 814 \\ -\ 188 \\ \hline \end{array}$$

⑥
$$\begin{array}{r} 740 \\ -\ 473 \\ \hline \end{array}$$

⑦
$$\begin{array}{r} 354 \\ -\ 257 \\ \hline \end{array}$$

⑧
$$\begin{array}{r} 932 \\ -\ 383 \\ \hline \end{array}$$

⑨
$$\begin{array}{r} 721 \\ -\ 545 \\ \hline \end{array}$$

⑩
$$\begin{array}{r} 622 \\ -\ 264 \\ \hline \end{array}$$

⑪
$$\begin{array}{r} 700 \\ -\ 269 \\ \hline \end{array}$$

⑫
$$\begin{array}{r} 400 \\ -\ 144 \\ \hline \end{array}$$

⑬
$$\begin{array}{r} 701 \\ -\ 129 \\ \hline \end{array}$$

⑭
$$\begin{array}{r} 606 \\ -\ 597 \\ \hline \end{array}$$

⑮
$$\begin{array}{r} 307 \\ -\ 118 \\ \hline \end{array}$$

● 표준완성시간 : 2~3분

B형

날짜	월	일
시간	분	초
오답 수		/ 12

(세 자리 수)-(세 자리 수) ②

★ 뺄셈을 하시오.

① 470 − 381

② 835 − 156

③ 562 − 289

④ 621 − 323

⑤ 840 − 495

⑥ 541 − 347

⑦ 957 − 269

⑧ 262 − 196

⑨ 600 − 132

⑩ 900 − 757

⑪ 503 − 478

⑫ 806 − 209

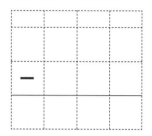

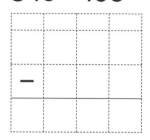

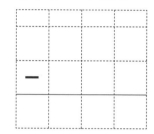

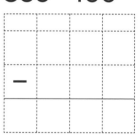

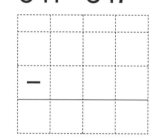

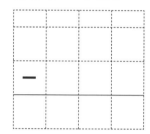

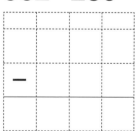

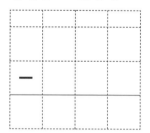

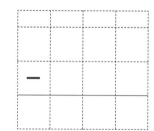

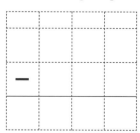

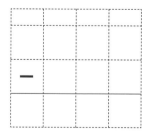

(세 자리 수)-(세 자리 수) ②

● 표준완성시간 : 2~3분

날짜	월	일
시간	분	초
오답 수		/ 15

A형

★ 뺄셈을 하시오.

① 792 − 394 =

② 923 − 487 =

③ 712 − 655 =

④ 800 − 181 =

⑤ 404 − 239 =

⑥ 540 − 147 =

⑦ 886 − 397 =

⑧ 643 − 468 =

⑨ 700 − 468 =

⑩ 902 − 816 =

⑪ 764 − 275 =

⑫ 945 − 698 =

⑬ 851 − 589 =

⑭ 600 − 594 =

⑮ 803 − 645 =

B형

날짜	월	일
시간	분	초
오답 수	/	12

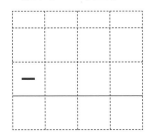

(세 자리 수)−(세 자리 수) ②

★ 뺄셈을 하시오.

① 424 − 127

⑤ 870 − 296

⑨ 735 − 589

② 332 − 279

⑥ 823 − 347

⑩ 992 − 393

③ 625 − 356

⑦ 456 − 368

⑪ 521 − 336

④ 900 − 529

⑧ 602 − 274

⑫ 800 − 753

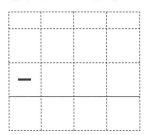

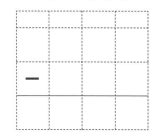

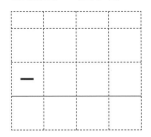

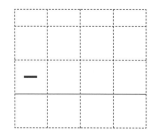

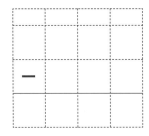

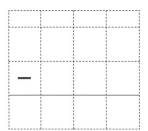

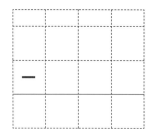

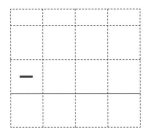

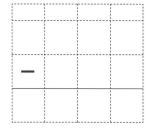

(세 자리 수)-(세 자리 수) ②

● 표준완성시간 : 2~3분

날짜	월	일
시간	분	초
오답 수	/	15

★ 뺄셈을 하시오.

① $951 - 787$

② $710 - 412$

③ $937 - 278$

④ $500 - 479$

⑤ $703 - 534$

⑥ $223 - 146$

⑦ $961 - 575$

⑧ $552 - 159$

⑨ $500 - 293$

⑩ $805 - 448$

⑪ $743 - 258$

⑫ $616 - 457$

⑬ $927 - 689$

⑭ $700 - 158$

⑮ $705 - 689$

●표준완성시간 : 2~3분

B형

날짜	월	일
시간	분	초
오답 수	/ 12	

(세 자리 수)-(세 자리 수) ②

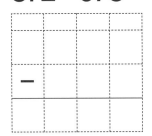

★ 뺄셈을 하시오.

① 872-678

⑤ 971-396

⑨ 624-576

② 724-397

⑥ 367-268

⑩ 490-296

③ 621-132

⑦ 836-568

⑪ 932-153

④ 903-869

⑧ 600-314

⑫ 804-129

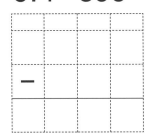

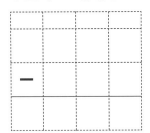

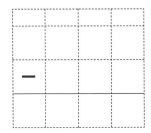

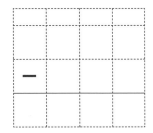

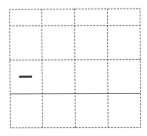

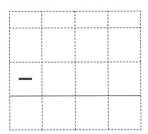

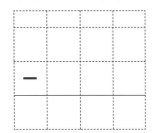

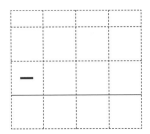

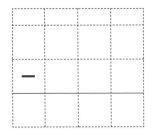

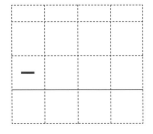

(세 자리 수)−(세 자리 수) ②

● 표준완성시간 : 2~3분

날짜	월	일
시간	분	초
오답 수	/	15

★ 뺄셈을 하시오.

① 842 − 758

② 500 − 383

③ 831 − 263

④ 605 − 137

⑤ 946 − 689

⑥ 524 − 195

⑦ 908 − 359

⑧ 753 − 397

⑨ 420 − 347

⑩ 700 − 409

⑪ 900 − 226

⑫ 731 − 596

⑬ 504 − 498

⑭ 983 − 186

⑮ 552 − 263

● 표준완성시간 : 2~3분

B형

날짜	월	일
시간	분	초
오답 수	/	12

(세 자리 수)-(세 자리 수) ②

★ 뺄셈을 하시오.

① 800-672

② 241-148

③ 702-214

④ 436-157

⑤ 365-189

⑥ 906-548

⑦ 812-487

⑧ 620-575

⑨ 883-199

⑩ 824-357

⑪ 900-864

⑫ 725-126

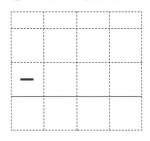

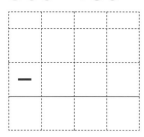

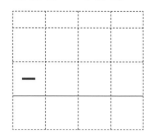

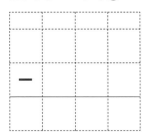

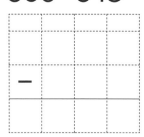

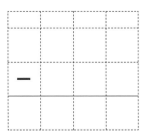

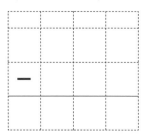

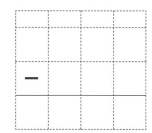

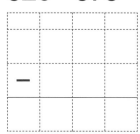

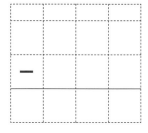

035 단계 (세 자리 수)±(세 자리 수)

● **결과 기록지**

① 1~5일차 학습에 걸린 시간을 각각 재서 그래프에 점을 찍습니다.

② 점과 점을 연결하여 기록의 변화를 확인합니다.

③ 오답 수를 세어 오답 수 칸에 씁니다.

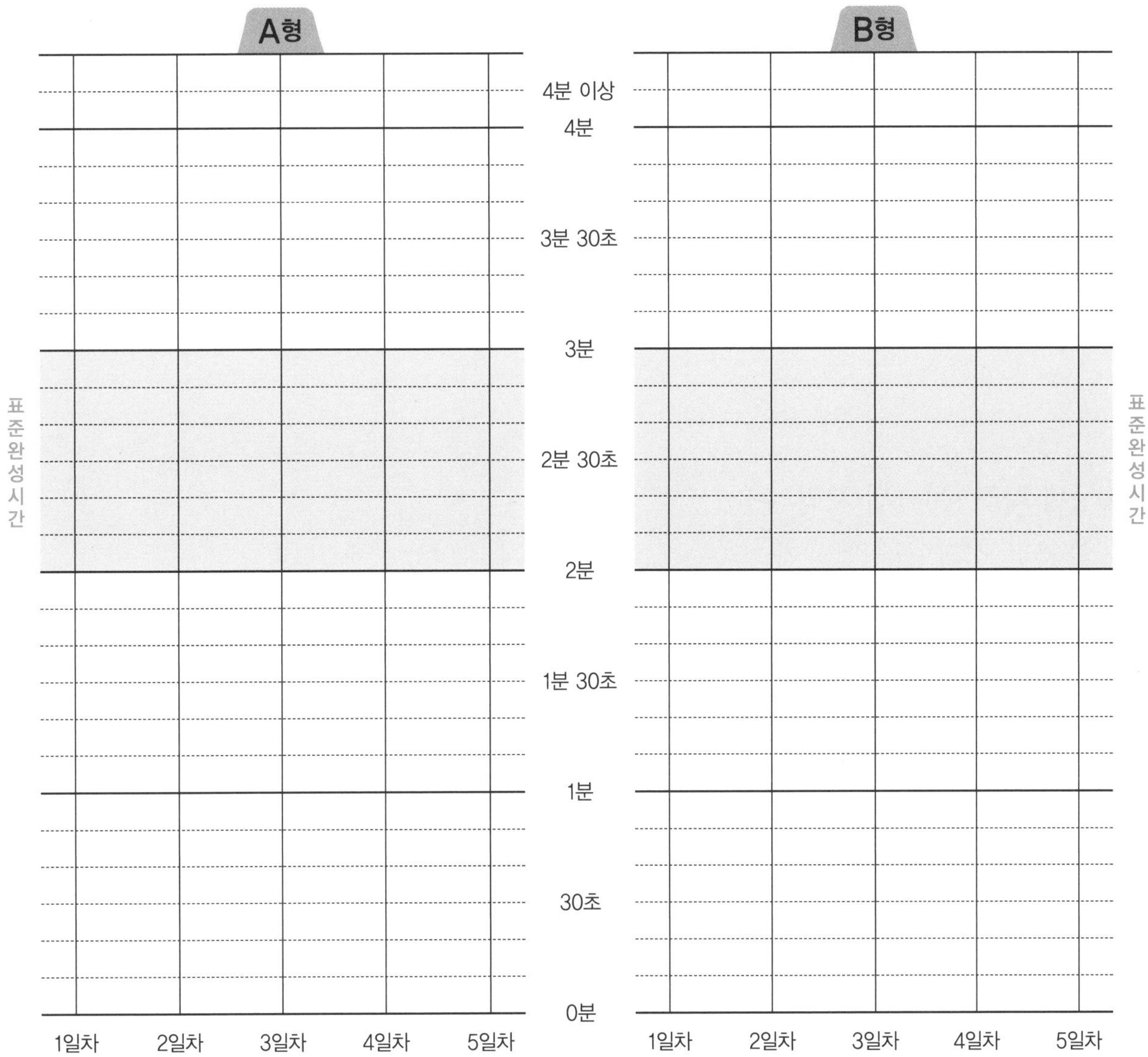

오답수 /15

오답수 /12

계산력을 기르는 힘!

(세 자리 수)±(세 자리 수)

● (세 자리 수)+(세 자리 수)

일의 자리, 십의 자리, 백의 자리의 순서로 계산하고, 각 자리 숫자끼리 더하여 10이거나 10보다 크면 바로 윗자리로 받아올림합니다.

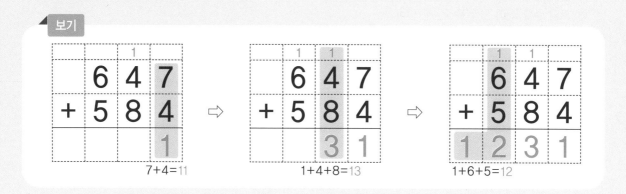

보기

		1	
	6	4	7
+	5	8	4
			1

7+4=11

⇨

	1	1	
	6	4	7
+	5	8	4
		3	1

1+4+8=13

⇨

	1	1	
	6	4	7
+	5	8	4
1	2	3	1

1+6+5=12

● (세 자리 수)−(세 자리 수)

일의 자리, 십의 자리, 백의 자리의 순서로 받아내림에 주의하여 계산합니다.

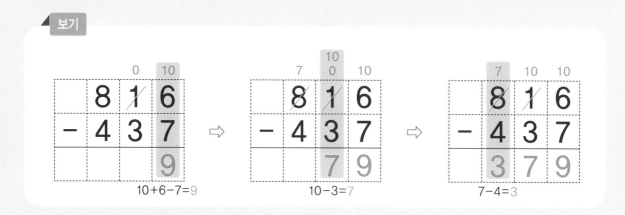

보기

		0	10
	8	~~1~~	6
−	4	3	7
			9

10+6−7=9

⇨

		10	
	7	0	10
	~~8~~	~~1~~	6
−	4	3	7
		7	9

10−3=7

⇨

	7	10	10
	~~8~~	~~1~~	6
−	4	3	7
	3	7	9

7−4=3

(세 자리 수)±(세 자리 수)

● 표준완성시간 : 2~3분

날짜	월	일
시간	분	초
오답 수	/	15

A형

★ 계산을 하시오.

① 502 + 106 =

② 341 + 483 =

③ 975 + 624 =

④ 283 + 317 =

⑤ 509 + 822 =

⑥ 275 − 135 =

⑦ 850 − 217 =

⑧ 671 − 144 =

⑨ 939 − 671 =

⑩ 382 − 298 =

⑪ 516 + 328 =

⑫ 900 − 729 =

⑬ 493 + 773 =

⑭ 606 − 459 =

⑮ 965 + 367 =

● 표준완성시간 : 2~3분

B형		
날짜	월	일
시간	분	초
오답 수	/	12

(세 자리 수)±(세 자리 수)

★ 계산을 하시오.

① 232+425

② 243+708

③ 126+921

④ 167+158

⑤ 795−781

⑥ 390−135

⑦ 657−374

⑧ 738−539

⑨ 984+921

⑩ 600−264

⑪ 359+654

⑫ 504−339

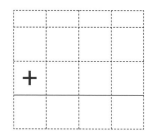

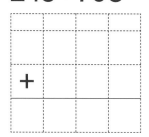

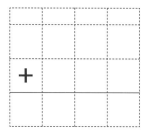

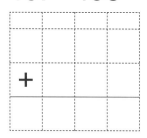

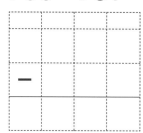

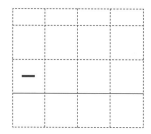

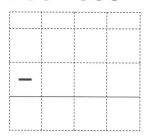

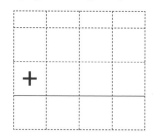

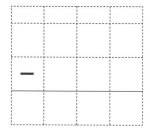

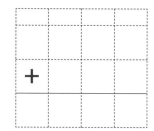

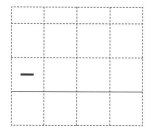

(세 자리 수)±(세 자리 수)

● 표준완성시간 : 2~3분

날짜	월	일
시간	분	초
오답 수	/	15

A형

★ 계산을 하시오.

① $159 + 798$

② $444 + 925$

③ $301 + 160$

④ $974 + 564$

⑤ $147 + 139$

⑥ $826 - 560$

⑦ $500 - 248$

⑧ $445 - 436$

⑨ $719 - 399$

⑩ $887 - 156$

⑪ $747 + 364$

⑫ $384 - 218$

⑬ $136 + 293$

⑭ $751 - 273$

⑮ $877 + 617$

● 표준완성시간 : 2~3분

B형

날짜	월	일
시간	분	초
오답 수	/	12

(세 자리 수)±(세 자리 수)

★ 계산을 하시오.

① 172+451

② 560+220

③ 826+497

④ 816+954

⑤ 942−485

⑥ 227−192

⑦ 921−707

⑧ 680−580

⑨ 185+676

⑩ 566−138

⑪ 831+358

⑫ 304−105

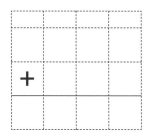

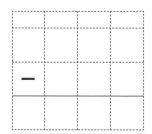

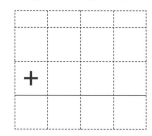

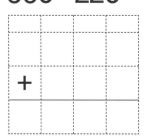

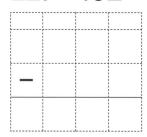

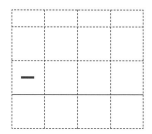

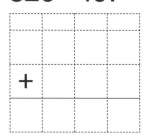

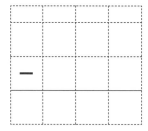

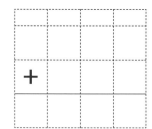

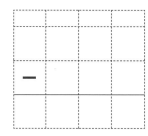

(세 자리 수)±(세 자리 수)

● 표준완성시간 : 2~3분

날짜	월	일
시간	분	초
오답 수	/	15

A형

★ 계산을 하시오.

① 290 + 219 =

② 268 + 895 =

③ 854 + 807 =

④ 239 + 513 =

⑤ 762 + 783 =

⑥ 783 − 365 =

⑦ 964 − 163 =

⑧ 680 − 281 =

⑨ 792 − 426 =

⑩ 958 − 583 =

⑪ 334 + 379 =

⑫ 402 − 397 =

⑬ 253 + 636 =

⑭ 839 − 267 =

⑮ 604 + 503 =

● 표준완성시간 : 2~3분

B형

날짜	월	일
시간	분	초
오답 수	/	12

(세 자리 수)±(세 자리 수)

★ 계산을 하시오.

① 666+642

② 128+117

③ 403+679

④ 827+172

⑤ 434−241

⑥ 987−677

⑦ 681−242

⑧ 600−522

⑨ 261+979

⑩ 844−196

⑪ 482+234

⑫ 751−191

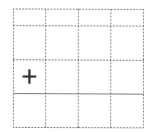

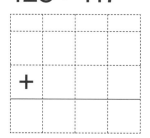

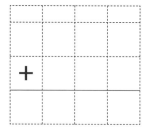

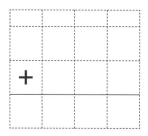

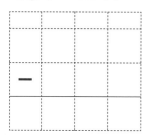

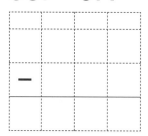

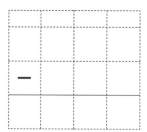

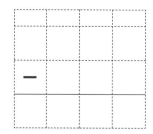

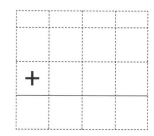

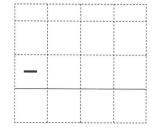

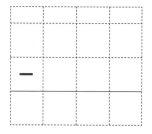

(세 자리 수)±(세 자리 수)

● 표준완성시간 : 2~3분

날짜	월	일
시간	분	초
오답 수		/ 15

A형

★ 계산을 하시오.

① $947 + 446$

② $609 + 185$

③ $148 + 552$

④ $917 + 841$

⑤ $453 + 142$

⑥ $603 - 461$

⑦ $892 - 244$

⑧ $306 - 267$

⑨ $929 - 184$

⑩ $947 - 345$

⑪ $753 + 865$

⑫ $853 - 627$

⑬ $498 + 826$

⑭ $721 - 385$

⑮ $251 + 186$

● 표준완성시간 : 2~3분

B형

날짜	월	일
시간	분	초
오답 수	/	12

(세 자리 수)±(세 자리 수)

★ 계산을 하시오.

① 165+832

② 372+198

③ 950+111

④ 581+947

⑤ 670−653

⑥ 815−477

⑦ 920−350

⑧ 614−357

⑨ 227+205

⑩ 949−532

⑪ 539+587

⑫ 346−161

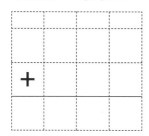

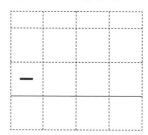

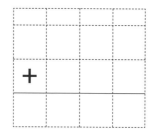

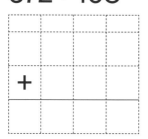

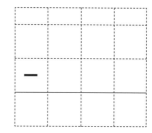

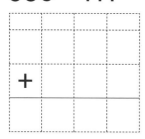

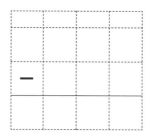

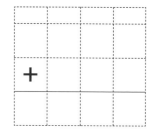

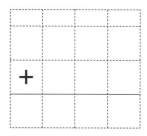

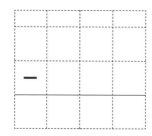

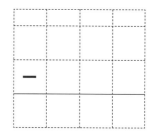

(세 자리 수)±(세 자리 수)

● 표준완성시간 : 2~3분

날짜	월	일
시간	분	초
오답 수	/	15

A형

★ 계산을 하시오.

① $\begin{array}{r} 533 \\ +\ 724 \\ \hline \end{array}$

② $\begin{array}{r} 827 \\ +\ 563 \\ \hline \end{array}$

③ $\begin{array}{r} 798 \\ +\ 464 \\ \hline \end{array}$

④ $\begin{array}{r} 437 \\ +\ 530 \\ \hline \end{array}$

⑤ $\begin{array}{r} 472 \\ +\ 372 \\ \hline \end{array}$

⑥ $\begin{array}{r} 973 \\ -\ 624 \\ \hline \end{array}$

⑦ $\begin{array}{r} 857 \\ -\ 589 \\ \hline \end{array}$

⑧ $\begin{array}{r} 829 \\ -\ 278 \\ \hline \end{array}$

⑨ $\begin{array}{r} 867 \\ -\ 831 \\ \hline \end{array}$

⑩ $\begin{array}{r} 500 \\ -\ 276 \\ \hline \end{array}$

⑪ $\begin{array}{r} 458 \\ +\ 429 \\ \hline \end{array}$

⑫ $\begin{array}{r} 928 \\ -\ 744 \\ \hline \end{array}$

⑬ $\begin{array}{r} 396 \\ +\ 595 \\ \hline \end{array}$

⑭ $\begin{array}{r} 395 \\ -\ 268 \\ \hline \end{array}$

⑮ $\begin{array}{r} 692 \\ +\ 757 \\ \hline \end{array}$

● 표준완성시간 : 2~3분

B형

날짜	월	일
시간	분	초
오답 수	/	12

(세 자리 수)±(세 자리 수)

★ 계산을 하시오.

① 698+908

② 174+286

③ 725+558

④ 654+272

⑤ 659−263

⑥ 967−148

⑦ 491−396

⑧ 398−141

⑨ 418+161

⑩ 852−519

⑪ 821+735

⑫ 703−456

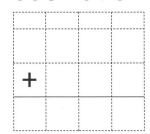

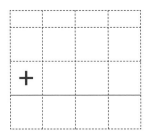

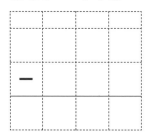

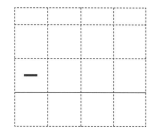

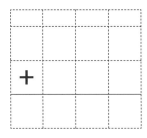

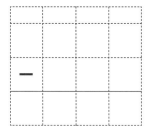

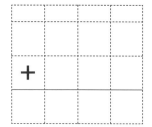

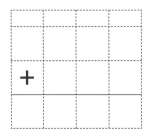

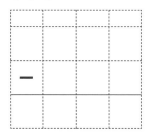

036단계 세 자리 수의 덧셈, 뺄셈 종합

● **결과 기록지**

① 1~5일차 학습에 걸린 시간을 각각 재서 그래프에 점을 찍습니다.
② 점과 점을 연결하여 기록의 변화를 확인합니다.
③ 오답 수를 세어 오답 수 칸에 씁니다.

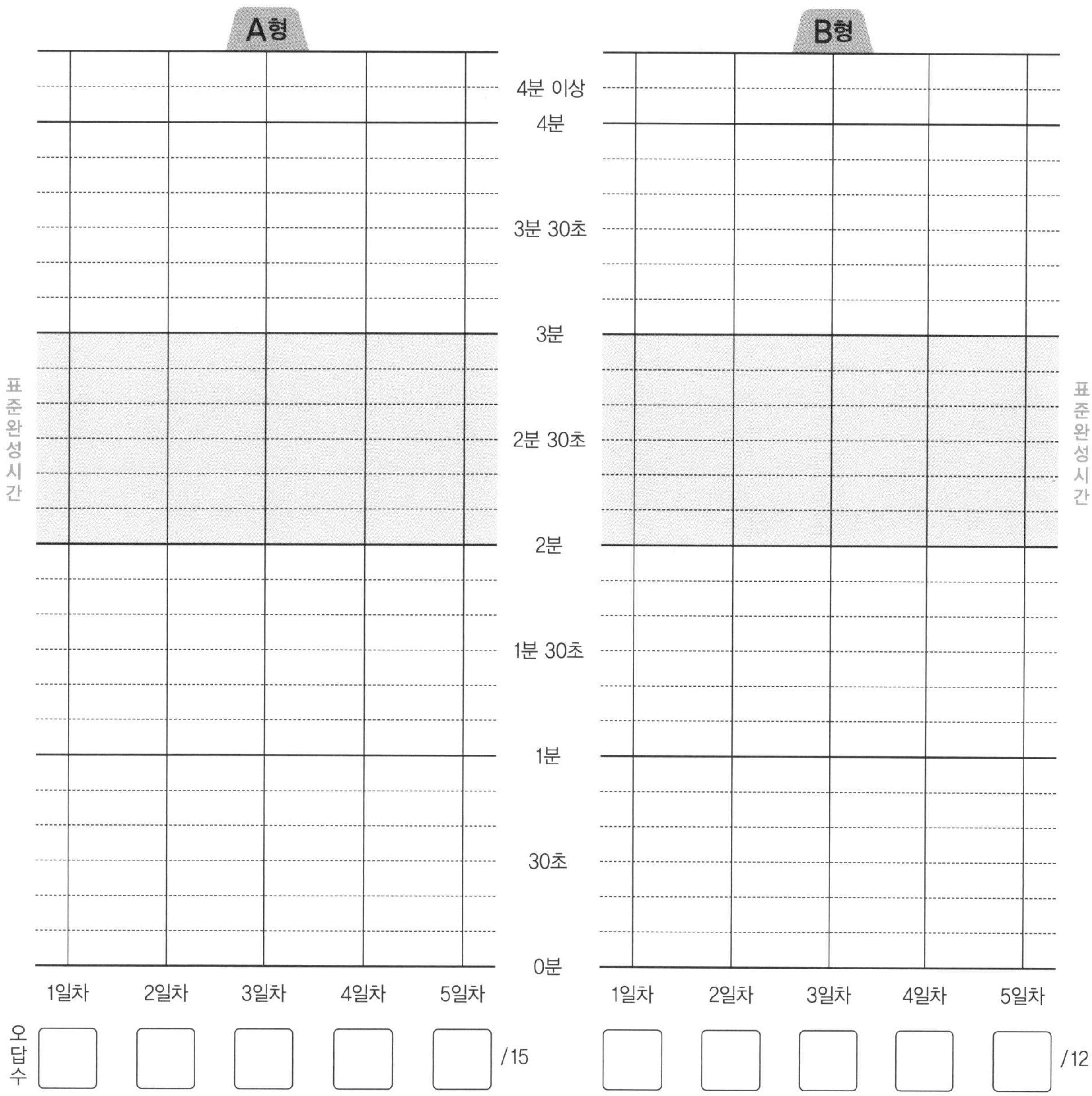

계산력을 기르는 힘!

세 자리 수의 덧셈, 뺄셈 종합

● 세 자리 수의 덧셈 종합

일의 자리, 십의 자리, 백의 자리의 순서로 계산하고, 각 자리 숫자끼리 더하여 10이거나 10보다 크면 바로 윗자리로 받아올림합니다.

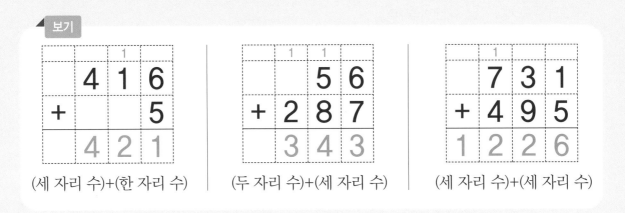

보기

		1	
	4	1	6
+			5
	4	2	1

(세 자리 수)+(한 자리 수)

	1	1	
		5	6
+	2	8	7
	3	4	3

(두 자리 수)+(세 자리 수)

	1		
	7	3	1
+	4	9	5
1	2	2	6

(세 자리 수)+(세 자리 수)

● 세 자리 수의 뺄셈 종합

일의 자리, 십의 자리, 백의 자리의 순서로 받아내림에 주의하여 계산합니다.

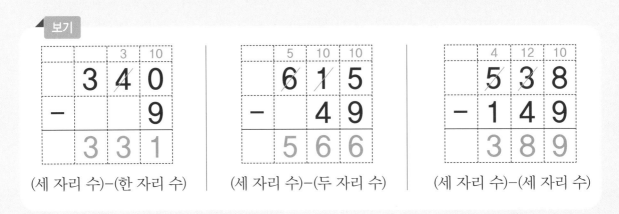

보기

		3	10
	3	~~4~~	0
−			9
	3	3	1

(세 자리 수)−(한 자리 수)

	5	10	10
	~~6~~	~~1~~	5
−		4	9
	5	6	6

(세 자리 수)−(두 자리 수)

	4	12	10
	~~5~~	~~3~~	8
−	1	4	9
	3	8	9

(세 자리 수)−(세 자리 수)

1 일차 세 자리 수의 덧셈, 뺄셈 종합

● 표준완성시간 : 2~3분

날짜	월	일
시간	분	초
오답 수		/ 15

A 형

★ 계산을 하시오.

① $$\begin{array}{r} 645 \\ +\quad 3 \\ \hline \end{array}$$

② $$\begin{array}{r} 409 \\ -\quad 2 \\ \hline \end{array}$$

③ $$\begin{array}{r} 8 \\ +\ 304 \\ \hline \end{array}$$

④ $$\begin{array}{r} 862 \\ -\quad 7 \\ \hline \end{array}$$

⑤ $$\begin{array}{r} 190 \\ +\quad 56 \\ \hline \end{array}$$

⑥ $$\begin{array}{r} 534 \\ -\quad 14 \\ \hline \end{array}$$

⑦ $$\begin{array}{r} 75 \\ +\ 295 \\ \hline \end{array}$$

⑧ $$\begin{array}{r} 236 \\ -\quad 43 \\ \hline \end{array}$$

⑨ $$\begin{array}{r} 281 \\ +\ 513 \\ \hline \end{array}$$

⑩ $$\begin{array}{r} 747 \\ -\ 701 \\ \hline \end{array}$$

⑪ $$\begin{array}{r} 318 \\ +\ 213 \\ \hline \end{array}$$

⑫ $$\begin{array}{r} 560 \\ -\ 380 \\ \hline \end{array}$$

⑬ $$\begin{array}{r} 722 \\ +\ 691 \\ \hline \end{array}$$

⑭ $$\begin{array}{r} 732 \\ -\ 186 \\ \hline \end{array}$$

⑮ $$\begin{array}{r} 737 \\ +\ 568 \\ \hline \end{array}$$

● 표준완성시간 : 2~3분

B형

날짜	월	일
시간	분	초
오답 수	/ 12	

세 자리 수의 덧셈, 뺄셈 종합

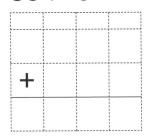

★ 계산을 하시오.

① 854+9

② 306−9

③ 46+528

④ 118−44

⑤ 417+470

⑥ 839−521

⑦ 925+974

⑧ 680−468

⑨ 168+165

⑩ 754−286

⑪ 725+386

⑫ 602−443

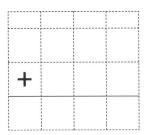

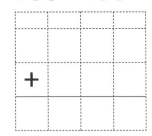

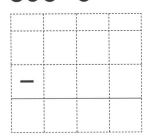

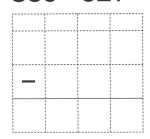

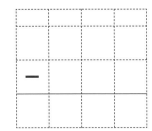

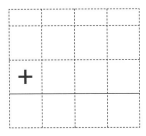

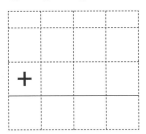

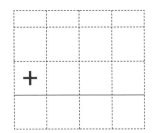

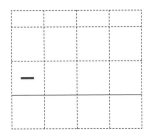

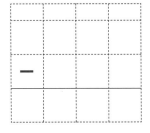

세 자리 수의 덧셈, 뺄셈 종합

● 표준완성시간 : 2~3분

날짜	월	일
시간	분	초
오답 수		/ 15

A형

★ 계산을 하시오.

① $799 + 8 =$

② $346 - 5 =$

③ $2 + 604 =$

④ $930 - 7 =$

⑤ $474 + 46 =$

⑥ $684 - 72 =$

⑦ $59 + 983 =$

⑧ $106 - 97 =$

⑨ $808 + 608 =$

⑩ $612 - 204 =$

⑪ $389 + 841 =$

⑫ $938 - 332 =$

⑬ $531 + 114 =$

⑭ $300 - 174 =$

⑮ $693 + 164 =$

● 표준완성시간 : 2~3분

B형

날짜	월	일
시간	분	초
오답 수	/	12

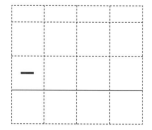

세 자리 수의 덧셈, 뺄셈 종합

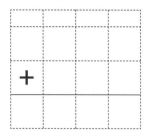

★ 계산을 하시오.

① 7+997

② 703−6

③ 416+62

④ 647−95

⑤ 664+957

⑥ 859−158

⑦ 927+421

⑧ 700−620

⑨ 165+279

⑩ 291−267

⑪ 320+539

⑫ 555−176

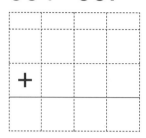

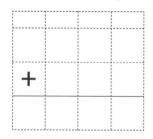

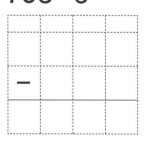

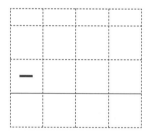

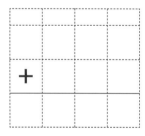

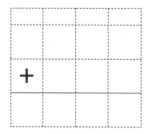

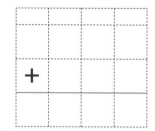

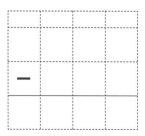

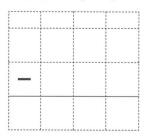

세 자리 수의 덧셈, 뺄셈 종합

● 표준완성시간 : 2~3분

날짜	월	일
시간	분	초
오답 수	/	15

★ 계산을 하시오.

① $\begin{array}{r} 325 \\ +\ 917 \\ \hline \end{array}$

② $\begin{array}{r} 611 \\ -\ 566 \\ \hline \end{array}$

③ $\begin{array}{r} 81 \\ +\ 705 \\ \hline \end{array}$

④ $\begin{array}{r} 467 \\ -\ 8 \\ \hline \end{array}$

⑤ $\begin{array}{r} 244 \\ +\ 295 \\ \hline \end{array}$

⑥ $\begin{array}{r} 102 \\ -\ 9 \\ \hline \end{array}$

⑦ $\begin{array}{r} 663 \\ +\ 347 \\ \hline \end{array}$

⑧ $\begin{array}{r} 182 \\ -\ 145 \\ \hline \end{array}$

⑨ $\begin{array}{r} 237 \\ +\ 2 \\ \hline \end{array}$

⑩ $\begin{array}{r} 358 \\ -\ 38 \\ \hline \end{array}$

⑪ $\begin{array}{r} 8 \\ +\ 492 \\ \hline \end{array}$

⑫ $\begin{array}{r} 720 \\ -\ 25 \\ \hline \end{array}$

⑬ $\begin{array}{r} 320 \\ +\ 365 \\ \hline \end{array}$

⑭ $\begin{array}{r} 818 \\ -\ 353 \\ \hline \end{array}$

⑮ $\begin{array}{r} 149 \\ +\ 37 \\ \hline \end{array}$

● 표준완성시간 : 2~3분

B형

날짜	월	일
시간	분	초
오답 수	/ 12	

세 자리 수의 덧셈, 뺄셈 종합

★ 계산을 하시오.

① 919+92

② 791−560

③ 158+129

④ 419−5

⑤ 314+181

⑥ 958−286

⑦ 7+548

⑧ 555−257

⑨ 470+760

⑩ 143−78

⑪ 578+556

⑫ 800−703

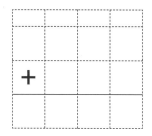

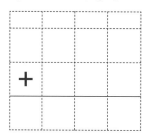

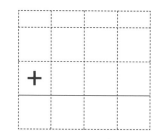

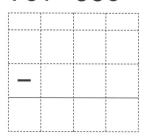

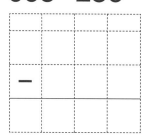

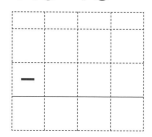

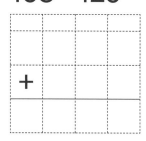

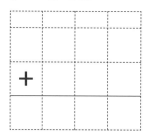

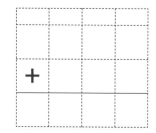

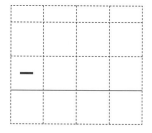

4일차 세 자리 수의 덧셈, 뺄셈 종합

● 표준완성시간 : 2~3분

날짜	월	일
시간	분	초
오답 수	/	15

A형

★ 계산을 하시오.

① $652 + 812 =$

② $768 - 21 =$

③ $143 + 69 =$

④ $815 - 284 =$

⑤ $2 + 396 =$

⑥ $293 - 9 =$

⑦ $986 + 685 =$

⑧ $427 - 424 =$

⑨ $31 + 580 =$

⑩ $400 - 9 =$

⑪ $212 + 325 =$

⑫ $408 - 339 =$

⑬ $995 + 8 =$

⑭ $723 - 35 =$

⑮ $447 + 383 =$

● 표준완성시간 : 2~3분

B형

날짜	월	일
시간	분	초
오답 수	/	12

세 자리 수의 덧셈, 뺄셈 종합

★ 계산을 하시오.

① 807+527

⑤ 482+9

⑨ 214+744

② 777−39

⑥ 395−221

⑩ 825−199

③ 791+939

⑦ 176+583

⑪ 42+975

④ 690−651

⑧ 325−172

⑫ 587−6

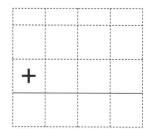

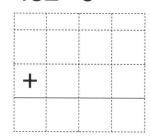

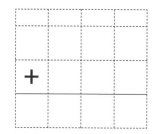

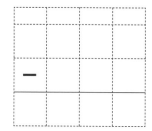

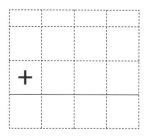

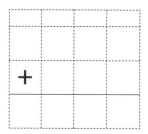

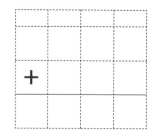

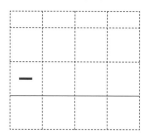

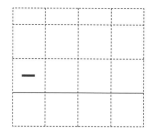

5일차

세 자리 수의 덧셈, 뺄셈 종합

● 표준완성시간 : 2~3분

날짜	월	일
시간	분	초
오답 수		/ 15

A형

★ 계산을 하시오.

① 258 + 64 =

② 693 − 534 =

③ 514 + 362 =

④ 926 − 856 =

⑤ 58 + 471 =

⑥ 369 − 144 =

⑦ 896 + 389 =

⑧ 193 − 47 =

⑨ 86 + 927 =

⑩ 501 − 388 =

⑪ 469 + 119 =

⑫ 652 − 68 =

⑬ 916 + 83 =

⑭ 820 − 456 =

⑮ 693 + 422 =

● 표준완성시간 : 2~3분

B형

날짜	월	일
시간	분	초
오답 수	/ 12	

세 자리 수의 덧셈, 뺄셈 종합

★ 계산을 하시오.

① 793+173

② 549−156

③ 409+35

④ 134−47

⑤ 289+874

⑥ 600−312

⑦ 315+532

⑧ 924−268

⑨ 87+596

⑩ 469−17

⑪ 623+647

⑫ 897−793

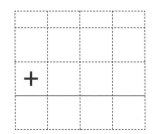

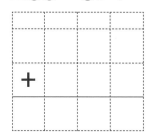

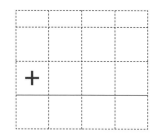

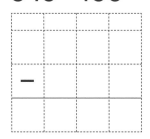

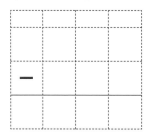

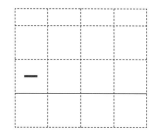

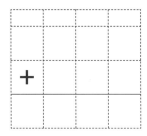

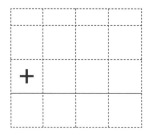

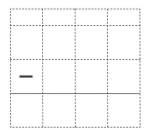

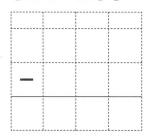

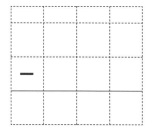

037단계

세 수의 덧셈과 뺄셈 ③

● **결과 기록지**

① 1~5일차 학습에 걸린 시간을 각각 재서 그래프에 점을 찍습니다.
② 점과 점을 연결하여 기록의 변화를 확인합니다.
③ 오답 수를 세어 오답 수 칸에 씁니다.

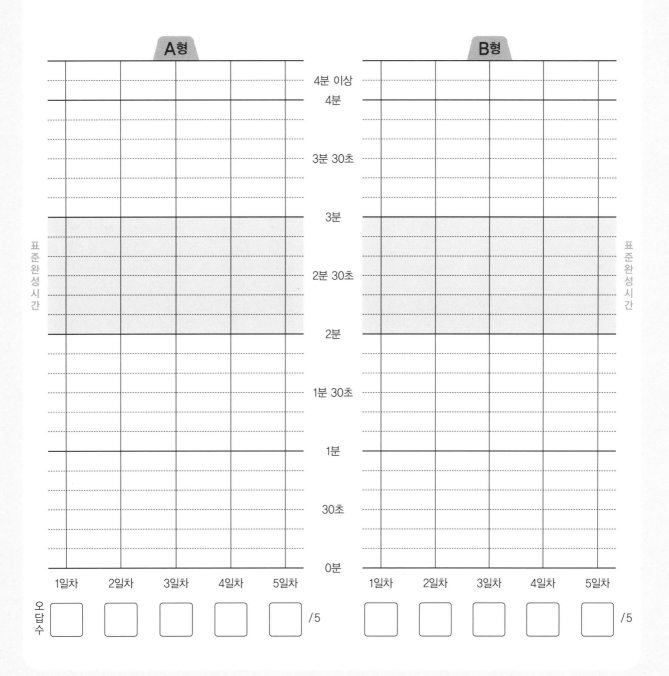

A형

B형

4분 이상
4분
3분 30초
3분
2분 30초
2분
1분 30초
1분
30초
0분

표준완성시간

1일차 2일차 3일차 4일차 5일차

오답수 /5

1일차 2일차 3일차 4일차 5일차

/5

표준완성시간

계산력을 기르는 힘!

세 수의 덧셈과 뺄셈 ③

● 세 수의 덧셈, 세 수의 뺄셈

세 수의 덧셈과 세 수의 뺄셈은 받아올림과 받아내림에 주의하여 앞에서부터 두 수씩 차례로 계산합니다.

보기

64+24+108=196

		6	4
+		2	4
		8	8

→

		1	
		8	8
+	1	0	8
	1	9	6

682−54−255=373

		7	10
	6	~~8~~	2
−		5	4
	6	2	8

→

	5	10	
	~~6~~	2	8
−	2	5	5
	3	7	3

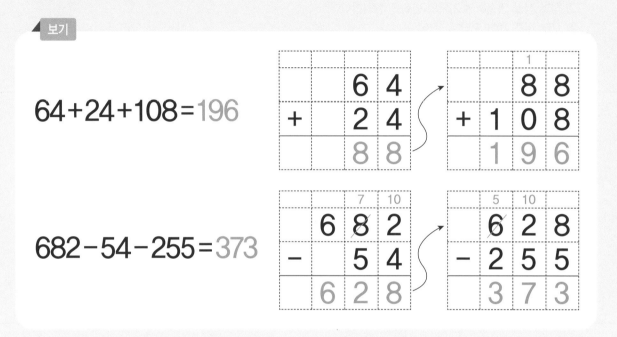

단, 더하고 더하는 세 수의 덧셈은 순서를 바꾸어 더해도 결과는 같습니다.

● 세 수의 덧셈과 뺄셈

덧셈과 뺄셈이 섞여 있는 세 수의 계산은 '+', '−'와 받아올림, 받아내림에 주의하여 앞에서부터 두 수씩 차례로 계산합니다.

보기

48+276−157=167

	1	1	
		4	8
+	2	7	6
	3	2	4

→

	2	11	10
	~~3~~	~~2~~	4
−	1	5	7
	1	6	7

세 수의 덧셈과 뺄셈 ③

● 표준완성시간 : 2~3분

날짜	월	일
시간	분	초
오답 수	/	5

A형

★ 계산을 하시오.

① 62+16+105=

		6	2
+		1	6

+	1	0	5

② 171−58−38=

	1	7	1
−		5	8

−		3	8

③ 49+96−113=

		4	9
+		9	6

−	1	1	3

④ 87−60+143=

		8	7
−		6	0

+	1	4	3

⑤ 16+27+382=

		1	6
+		2	7

+	3	8	2

● 표준완성시간 : 2~3분

B형	
날짜	월 일
시간	분 초
오답 수	/ 5

세 수의 덧셈과 뺄셈 ③

★ 계산을 하시오.

① $12+47+142=$

② $467-359-64=$

③ $14+133-58=$

④ $90-34+526=$

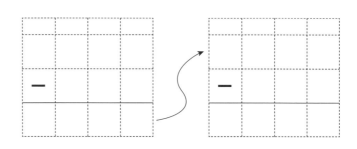

⑤ $361-99-43=$

2일차

세 수의 덧셈과 뺄셈 ③

● 표준완성시간 : 2~3분

날짜	월	일
시간	분	초
오답 수		/ 5

A형

★ 계산을 하시오.

① 31+281+555=

		3	1
+	2	8	1

+	5	5	5

② 783−56−67=

	7	8	3
−		5	6

−		6	7

③ 64+82−102=

		6	4
+		8	2

−	1	0	2

④ 84−16+709=

		8	4
−		1	6

+	7	0	9

⑤ 267+238−407=

	2	6	7
+	2	3	8

−	4	0	7

● 표준완성시간 : 2~3분

B형

날짜	월	일
시간	분	초
오답 수		/ 5

세 수의 덧셈과 뺄셈 ③

★ 계산을 하시오.

① 24+34+364=

② 279+95−17=

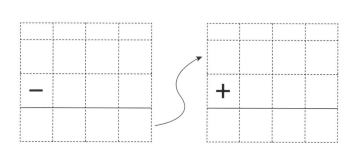

③ 725−466+741=

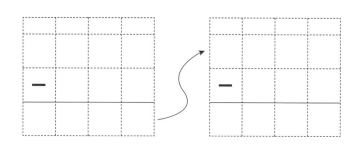

④ 869−98−630=

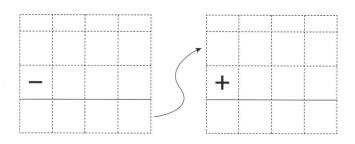

⑤ 400−19+36=

세 수의 덧셈과 뺄셈 ③

● 표준완성시간 : 2~3분

날짜	월	일
시간	분	초
오답 수		/ 5

★ 계산을 하시오.

① $304-8+100=$

	3	0	4
−			8

+	1	0	0

② $37+217+55=$

		3	7
+	2	1	7

+		5	5

③ $862-228-132=$

	8	6	2
−	2	2	8

−	1	3	2

④ $498+37-41=$

	4	9	8
+		3	7

−		4	1

⑤ $85+67+834=$

		8	5
+		6	7

+	8	3	4

B형

날짜	월	일
시간	분	초
오답 수		/ 5

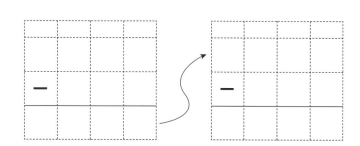

세 수의 덧셈과 뺄셈 ③

★ 계산을 하시오.

① $73+46-77=$

② $191-53-29=$

③ $35+38+569=$

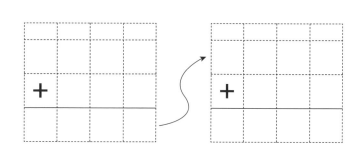

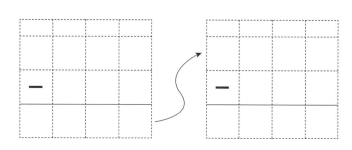

④ $412-175-192=$

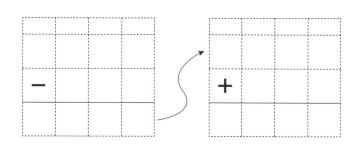

⑤ $893-152+117=$

세 수의 덧셈과 뺄셈 ③

● 표준완성시간 : 2~3분

날짜	월	일
시간	분	초
오답 수		/ 5

A형

★ 계산을 하시오.

① 62+198−30=

		6	2
+	1	9	8

−		3	0

② 375+21+404=

	3	7	5
+		2	1

+	4	0	4

③ 909−712−164=

	9	0	9
−	7	1	2

−	1	6	4

④ 119+19−74=

	1	1	9
+		1	9

−		7	4

⑤ 701−692+997=

	7	0	1
−	6	9	2

+	9	9	7

● 표준완성시간 : 2~3분

B 형

날짜	월	일
시간	분	초
오답 수	/ 5	

세 수의 덧셈과 뺄셈 ③

★ 계산을 하시오.

① $351-155-44=$

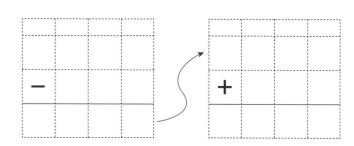

② $729-273+92=$

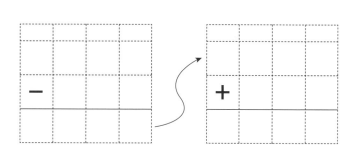

③ $546-208+741=$

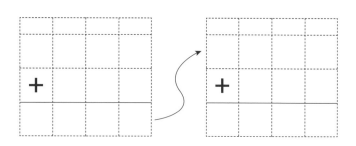

④ $57+25+329=$

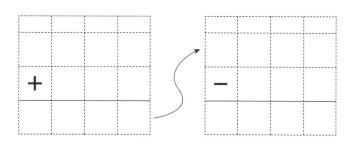

⑤ $64+356-48=$

세 수의 덧셈과 뺄셈 ③

● 표준완성시간 : 2~3분

날짜	월	일
시간	분	초
오답 수		/ 5

A형

★ 계산을 하시오.

① 596 − 87 − 51 =

	5	9	6
−		8	7

−		5	1

② 308 + 388 − 335 =

	3	0	8
+	3	8	8

−	3	3	5

③ 149 + 174 + 65 =

	1	4	9
+	1	7	4

+		6	5

④ 92 + 83 − 108 =

		9	2
+		8	3

−	1	0	8

⑤ 252 − 99 + 148 =

	2	5	2
−		9	9

+	1	4	8

● 표준완성시간 : 2~3분

B형

날짜	월	일
시간	분	초
오답 수		/ 5

세 수의 덧셈과 뺄셈 ③

★ 계산을 하시오.

① $407-23+951=$

② $792-14-73=$

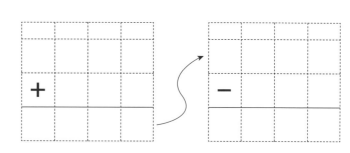

③ $116+698-550=$

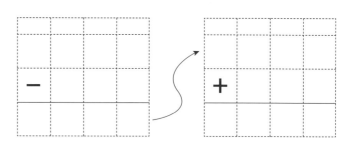

④ $541-267+23=$

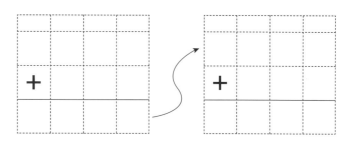

⑤ $49+26+292=$

038단계

(네 자리 수)+(세 자리 수·네 자리 수)

● **결과 기록지**

① 1~5일차 학습에 걸린 시간을 각각 재서 그래프에 점을 찍습니다.

② 점과 점을 연결하여 기록의 변화를 확인합니다.

③ 오답 수를 세어 오답 수 칸에 씁니다.

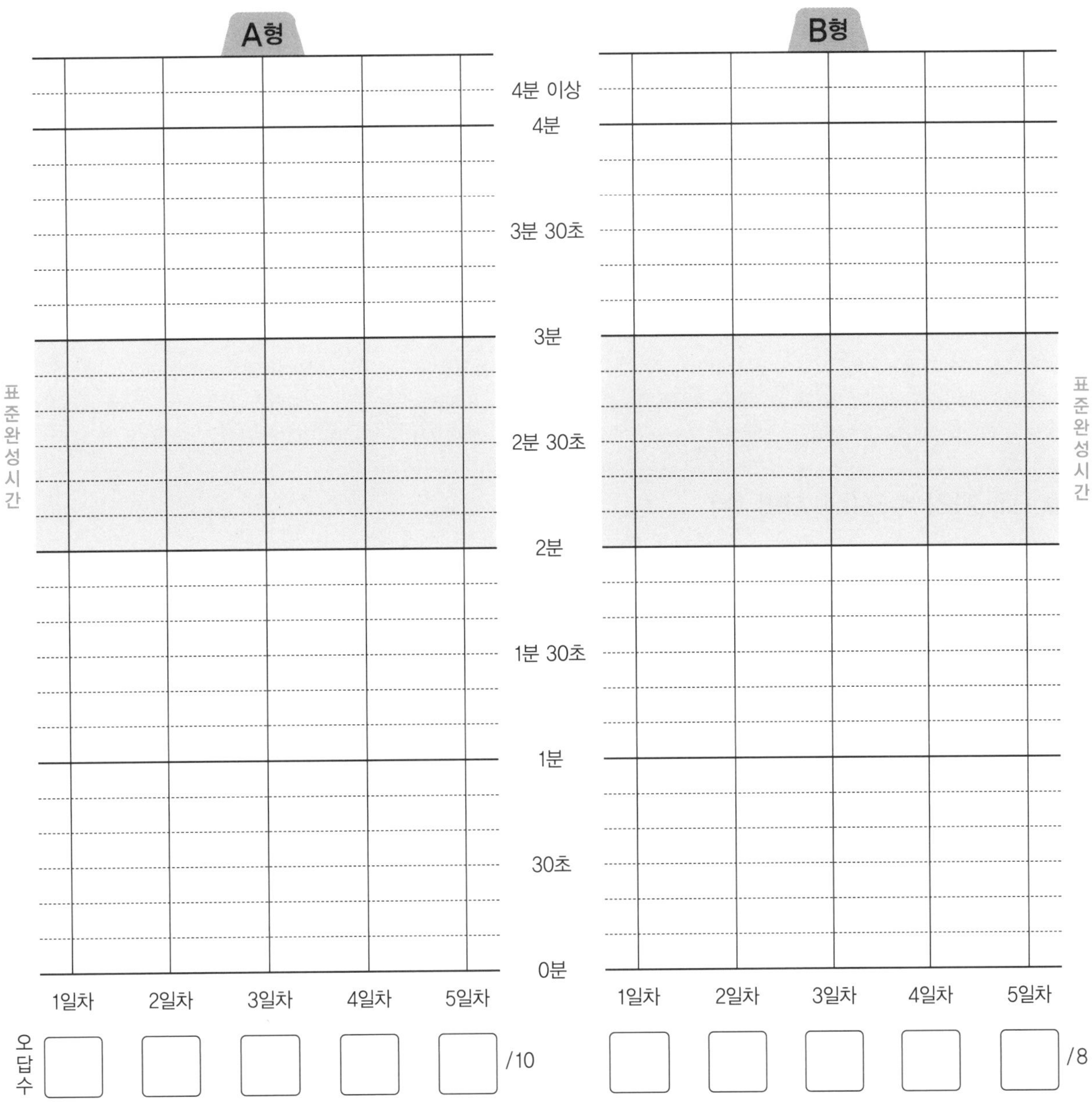

계산력을 기르는 힘!

(네 자리 수)+(세 자리 수 · 네 자리 수)

● (네 자리 수)+(세 자리 수)

일의 자리, 십의 자리, 백의 자리, 천의 자리의 순서로 계산하고, 각 자리 숫자끼리 더하여 10이거나 10보다 크면 바로 윗자리로 받아올림합니다.

보기

			1	
	4	4	6	8
+		3	5	6
				4

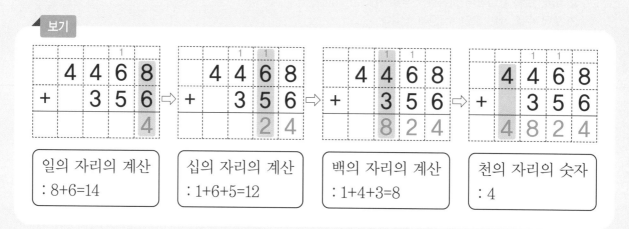

일의 자리의 계산
: 8+6=14

⇨

		1	1	
	4	4	6	8
+		3	5	6
			2	4

십의 자리의 계산
: 1+6+5=12

⇨

		1	1	
	4	4	6	8
+		3	5	6
		8	2	4

백의 자리의 계산
: 1+4+3=8

⇨

		1	1	
	4	4	6	8
+		3	5	6
	4	8	2	4

천의 자리의 숫자
: 4

● (네 자리 수)+(네 자리 수)

일의 자리, 십의 자리, 백의 자리, 천의 자리의 순서로 계산하고, 각 자리 숫자끼리 더하여 10이거나 10보다 크면 바로 윗자리로 받아올림합니다.

보기

			1	
	9	6	1	8
+	4	7	5	3
				1

일의 자리의 계산
: 8+3=11

⇨

			1	
	9	6	1	8
+	4	7	5	3
			7	1

십의 자리의 계산
: 1+1+5=7

⇨

	1		1	
	9	6	1	8
+	4	7	5	3
		3	7	1

백의 자리의 계산
: 6+7=13

⇨

	1		1	
	9	6	1	8
+	4	7	5	3
1	4	3	7	1

천의 자리의 계산
: 1+9+4=14

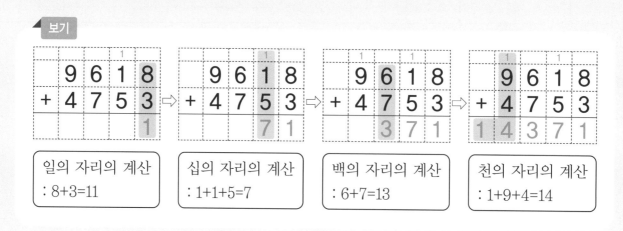

(네 자리 수)+(세 자리 수 · 네 자리 수)

● 표준완성시간 : 2~3분

날짜	월	일
시간	분	초
오답 수		/ 10

A형

★ 덧셈을 하시오.

①

	4	3	2	3
+		3	5	1

②

	7	4	0	6
+		1	8	9

③

	3	5	4	8
+		7	5	4

④

		1	9	2
+	1	9	8	7

⑤

		4	6	8
+	9	7	4	6

⑥

	1	3	1	6
+	2	6	5	2

⑦

	9	4	2	5
+	1	4	3	1

⑧

	4	4	8	4
+	2	9	8	3

⑨

	5	3	8	7
+	8	6	9	0

⑩

	8	6	6	5
+	3	8	6	6

● 표준완성시간 : 2~3분

B형

날짜	월	일
시간	분	초
오답 수		/ 8

(네 자리 수)+(세 자리 수 · 네 자리 수)

★ 덧셈을 하시오.

① 2524 + 186

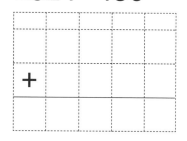

⑤ 7009 + 1579

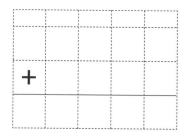

② 9563 + 879

⑥ 4871 + 8924

③ 725 + 5524

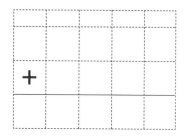

⑦ 8579 + 3356

④ 999 + 4997

⑧ 5618 + 4382

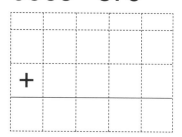

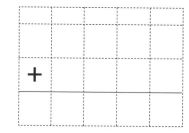

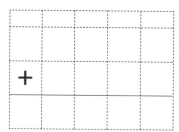

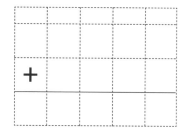

(네 자리 수)+(세 자리 수 · 네 자리 수)

● 표준완성시간 : 2~3분

날짜	월	일
시간	분	초
오답 수	/	10

A형

★ 덧셈을 하시오.

①
$$\begin{array}{r} 8190 \\ +\ 120 \\ \hline \end{array}$$

②
$$\begin{array}{r} 2436 \\ +\ 726 \\ \hline \end{array}$$

③
$$\begin{array}{r} 9639 \\ +\ 985 \\ \hline \end{array}$$

④
$$\begin{array}{r} 183 \\ +\ 6315 \\ \hline \end{array}$$

⑤
$$\begin{array}{r} 541 \\ +\ 9591 \\ \hline \end{array}$$

⑥
$$\begin{array}{r} 1243 \\ +\ 1614 \\ \hline \end{array}$$

⑦
$$\begin{array}{r} 3915 \\ +\ 5983 \\ \hline \end{array}$$

⑧
$$\begin{array}{r} 1161 \\ +\ 6489 \\ \hline \end{array}$$

⑨
$$\begin{array}{r} 2279 \\ +\ 2774 \\ \hline \end{array}$$

⑩
$$\begin{array}{r} 6658 \\ +\ 6748 \\ \hline \end{array}$$

● 표준완성시간 : 2~3분

B형

날짜	월	일
시간	분	초
오답 수		/ 8

(네 자리 수)+(세 자리 수 · 네 자리 수)

★ 덧셈을 하시오.

① 9813 + 613

② 9845 + 228

③ 117 + 3014

④ 785 + 9689

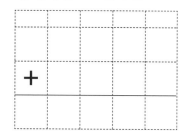

⑤ 2092 + 3172

⑥ 4539 + 4633

⑦ 2858 + 8529

⑧ 5267 + 9935

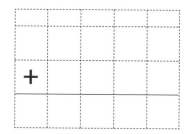

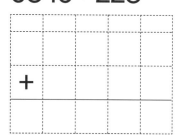

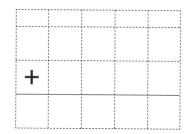

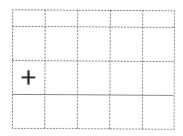

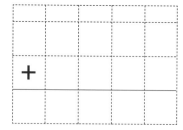

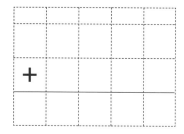

(네 자리 수)+(세 자리 수 · 네 자리 수)

● 표준완성시간 : 2~3분

날짜	월	일
시간	분	초
오답 수	/	10

A형

★ 덧셈을 하시오.

①

	9	4	8	4
+		5	3	4

②

	1	9	1	4
+		5	2	2

③

	5	7	7	2
+		4	9	5

④

		8	7	6
+	9	2	7	7

⑤

		1	8	9
+	5	2	8	1

⑥

	6	0	2	6
+	6	2	1	5

⑦

	3	1	3	4
+	8	9	7	9

⑧

	2	5	3	9
+	1	1	2	0

⑨

	2	8	1	3
+	4	9	8	7

⑩

	1	4	9	1
+	3	3	4	6

● 표준완성시간 : 2~3분

B형

날짜	월	일
시간	분	초
오답 수		/ 8

(네 자리 수)+(세 자리 수 · 네 자리 수)

★ 덧셈을 하시오.

① 9468+856

② 2620+141

③ 232+4586

④ 725+9817

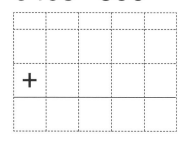

⑤ 2257+6802

⑥ 7674+8463

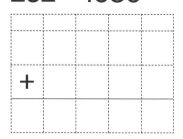

⑦ 7376+4624

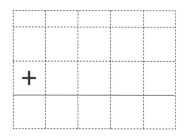

⑧ 5791+6162

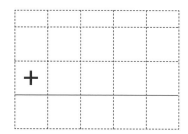

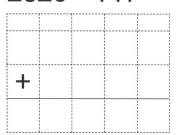

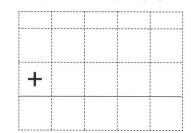

(네 자리 수)+(세 자리 수 · 네 자리 수)

● 표준완성시간 : 2~3분

날짜	월	일
시간	분	초
오답 수	/	10

A형

★ 덧셈을 하시오.

①
```
  9486
+  958
```

②
```
  7594
+  375
```

③
```
  9425
+  845
```

④
```
   819
+ 3734
```

⑤
```
   386
+ 6916
```

⑥
```
  8286
+ 5339
```

⑦
```
  3518
+ 7593
```

⑧
```
  1263
+ 1770
```

⑨
```
  4572
+ 2217
```

⑩
```
  7417
+ 2459
```

날짜	월	일
시간	분	초
오답 수		/ 8

(네 자리 수)+(세 자리 수 · 네 자리 수)

★ 덧셈을 하시오.

① 1227 + 597

② 9792 + 924

③ 633 + 9668

④ 142 + 3448

⑤ 6544 + 4988

⑥ 7353 + 3136

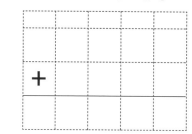

⑦ 3538 + 1606

⑧ 6819 + 5266

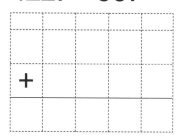

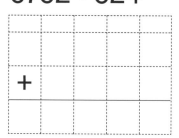

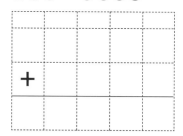

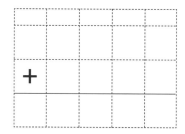

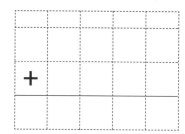

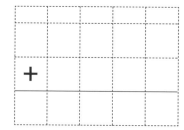

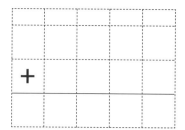

● 표준완성시간 : 2~3분

날짜	월	일
시간	분	초
오답 수		/ 10

A형

★ 덧셈을 하시오.

①
$$\begin{array}{r} 663 \\ +\ 9232 \\ \hline \end{array}$$

②
$$\begin{array}{r} 3658 \\ +\ 417 \\ \hline \end{array}$$

③
$$\begin{array}{r} 842 \\ +\ 9499 \\ \hline \end{array}$$

④
$$\begin{array}{r} 6758 \\ +\ 855 \\ \hline \end{array}$$

⑤
$$\begin{array}{r} 4621 \\ +\ 675 \\ \hline \end{array}$$

⑥
$$\begin{array}{r} 2844 \\ +\ 9317 \\ \hline \end{array}$$

⑦
$$\begin{array}{r} 1388 \\ +\ 8541 \\ \hline \end{array}$$

⑧
$$\begin{array}{r} 5131 \\ +\ 3731 \\ \hline \end{array}$$

⑨
$$\begin{array}{r} 6465 \\ +\ 7482 \\ \hline \end{array}$$

⑩
$$\begin{array}{r} 8887 \\ +\ 2198 \\ \hline \end{array}$$

● 표준완성시간 : 2~3분

B형

날짜	월	일
시간	분	초
오답 수		/ 8

(네 자리 수)+(세 자리 수 · 네 자리 수)

★ 덧셈을 하시오.

① 871 + 4377

+				

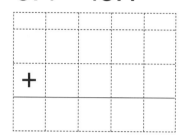

⑤ 1765 + 4695

+				

② 1415 + 317

+				

⑥ 4687 + 8466

+				

③ 939 + 9718

+				

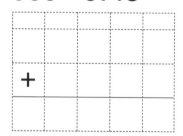

⑦ 3273 + 5128

+				

④ 9833 + 597

+				

⑧ 5324 + 6432

+				

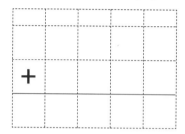

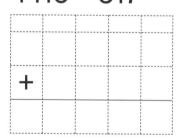

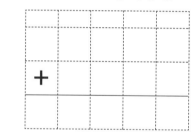

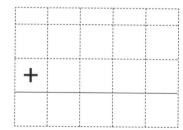

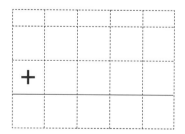

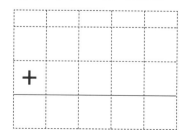

039단계 (네 자리 수)−(세 자리 수 · 네 자리 수)

● **결과 기록지**

① 1~5일차 학습에 걸린 시간을 각각 재서 그래프에 점을 찍습니다.
② 점과 점을 연결하여 기록의 변화를 확인합니다.
③ 오답 수를 세어 오답 수 칸에 씁니다.

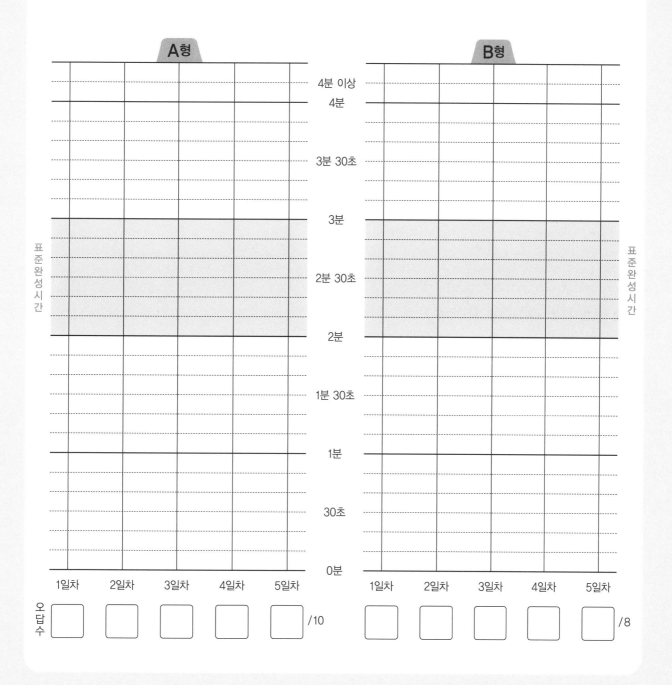

A형 / **B형**

4분 이상
4분
3분 30초
3분
2분 30초
2분
1분 30초
1분
30초
0분

표준완성시간

	1일차	2일차	3일차	4일차	5일차	
A형 오답 수						/10
B형 오답 수						/8

계산력을 기르는 힘!

(네 자리 수)−(세 자리 수 · 네 자리 수)

● (네 자리 수)−(세 자리 수)

일의 자리, 십의 자리, 백의 자리, 천의 자리의 순서로 받아내림에 주의하여 계산합니다.

보기

			3	10
	5	1	4	3
−		6	2	9
				4

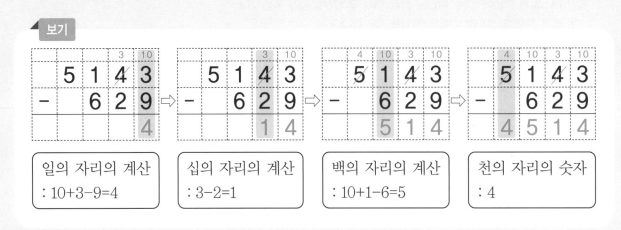

일의 자리의 계산
: 10+3−9=4

⇨

			3	10
	5	1	4	3
−		6	2	9
			1	4

십의 자리의 계산
: 3−2=1

⇨

	4	10	3	10
	5	1	4	3
−		6	2	9
		5	1	4

백의 자리의 계산
: 10+1−6=5

⇨

	4	10	3	10
	5	1	4	3
−		6	2	9
	4	5	1	4

천의 자리의 숫자
: 4

● (네 자리 수)−(네 자리 수)

일의 자리, 십의 자리, 백의 자리, 천의 자리의 순서로 받아내림에 주의하여 계산합니다.

보기

			0	10
	7	2	1	6
−	2	8	3	8
				8

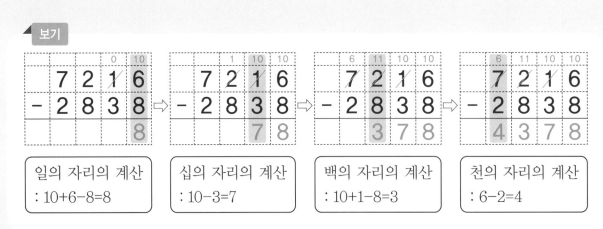

일의 자리의 계산
: 10+6−8=8

⇨

		1	10	10
	7	2	1	6
−	2	8	3	8
			7	8

십의 자리의 계산
: 10−3=7

⇨

	6	11	10	10
	7	2	1	6
−	2	8	3	8
		3	7	8

백의 자리의 계산
: 10+1−8=3

⇨

	6	11	10	10
	7	2	1	6
−	2	8	3	8
	4	3	7	8

천의 자리의 계산
: 6−2=4

(네 자리 수)-(세 자리 수 · 네 자리 수)

● 표준완성시간 : 2~3분

날짜	월	일
시간	분	초
오답 수	/	10

A 형

★ 뺄셈을 하시오.

① $8629 - 425 =$

② $1473 - 842 =$

③ $6820 - 171 =$

④ $3362 - 804 =$

⑤ $9166 - 469 =$

⑥ $5938 - 1017 =$

⑦ $6874 - 5294 =$

⑧ $5481 - 2738 =$

⑨ $2016 - 1943 =$

⑩ $9430 - 6469 =$

● 표준완성시간 : 2~3분

B형	
날짜	월 일
시간	분 초
오답 수	/ 8

(네 자리 수)-(세 자리 수 · 네 자리 수)

★ 뺄셈을 하시오.

① 6498 - 133

② 4471 - 369

③ 1189 - 692

④ 3712 - 757

⑤ 8268 - 5128

⑥ 8099 - 7784

⑦ 5665 - 4397

⑧ 7242 - 1358

(네 자리 수)−(세 자리 수 · 네 자리 수)

● 표준완성시간 : 2~3분

날짜	월	일
시간	분	초
오답 수		/ 10

A형

★ 뺄셈을 하시오.

①

	7	8	1	9
−		4	0	7

②

	1	6	2	8
−		2	3	2

③

	2	8	4	3
−		6	6	7

④

	5	5	2	9
−		5	9	1

⑤

	1	1	5	1
−		3	6	2

⑥

	7	8	1	5
−	5	1	1	5

⑦

	6	9	7	0
−	2	6	5	8

⑧

	3	5	3	3
−	2	2	5	9

⑨

	9	6	7	4
−	3	8	3	9

⑩

	3	0	0	1
−	1	5	2	5

B형

날짜	월	일
시간	분	초
오답 수	/	8

(네 자리 수)-(세 자리 수 · 네 자리 수)

★ 뺄셈을 하시오.

① 4882 - 670

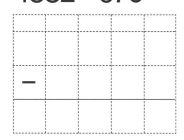

⑤ 8534 - 8433

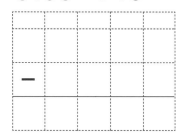

② 6166 - 746

⑥ 9728 - 3185

③ 3040 - 407

⑦ 6647 - 3783

④ 9137 - 178

⑧ 5125 - 1268

(네 자리 수)-(세 자리 수 · 네 자리 수)

● 표준완성시간 : 2~3분

날짜	월	일
시간	분	초
오답 수	/	10

A형

★ 뺄셈을 하시오.

①
$$\begin{array}{r} 4537 \\ -\ 216 \\ \hline \end{array}$$

②
$$\begin{array}{r} 5893 \\ -\ 215 \\ \hline \end{array}$$

③
$$\begin{array}{r} 1234 \\ -\ 307 \\ \hline \end{array}$$

④
$$\begin{array}{r} 2218 \\ -\ 984 \\ \hline \end{array}$$

⑤
$$\begin{array}{r} 8000 \\ -\ 195 \\ \hline \end{array}$$

⑥
$$\begin{array}{r} 7592 \\ -\ 4162 \\ \hline \end{array}$$

⑦
$$\begin{array}{r} 2177 \\ -\ 1552 \\ \hline \end{array}$$

⑧
$$\begin{array}{r} 9824 \\ -\ 7145 \\ \hline \end{array}$$

⑨
$$\begin{array}{r} 6829 \\ -\ 5968 \\ \hline \end{array}$$

⑩
$$\begin{array}{r} 5641 \\ -\ 3893 \\ \hline \end{array}$$

● 표준완성시간 : 2~3분

B형

날짜	월	일
시간	분	초
오답 수		/ 8

(네 자리 수)−(세 자리 수 · 네 자리 수)

★ 빼셈을 하시오.

① 7669 − 410

② 3768 − 377

③ 8500 − 446

④ 6218 − 229

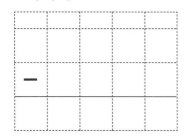

⑤ 5728 − 4712

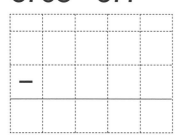

⑥ 3873 − 3828

⑦ 7364 − 5636

⑧ 5513 − 2934

(네 자리 수)-(세 자리 수 · 네 자리 수)

● 표준완성시간 : 2~3분

날짜	월	일
시간	분	초
오답 수	/ 10	

A형

★ 뺄셈을 하시오.

①

	9	3	8	2
−		9	8	5

②

	3	9	1	5
−		4	8	9

③

	7	9	6	8
−		5	8	3

④

	2	1	3	4
−		9	7	1

⑤

	6	3	9	6
−		2	3	6

⑥

	8	1	8	9
−	3	6	6	5

⑦

	7	9	7	5
−	6	2	5	2

⑧

	6	5	8	2
−	5	6	4	8

⑨

	4	1	2	6
−	1	4	7	9

⑩

	7	6	4	5
−	1	1	4	7

● 표준완성시간 : 2~3분

B형

날짜	월	일
시간	분	초
오답 수		/ 8

(네 자리 수)-(세 자리 수 · 네 자리 수)

★ 뺄셈을 하시오.

① 1147 - 842

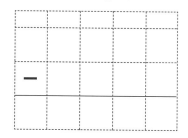

⑤ 7309 - 3611

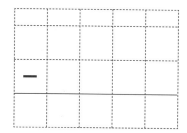

② 4999 - 784

⑥ 9346 - 2767

③ 5050 - 672

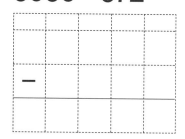

⑦ 8569 - 7440

④ 8492 - 813

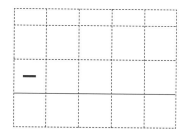

⑧ 5751 - 3734

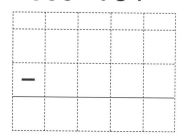

(네 자리 수)−(세 자리 수 · 네 자리 수)

● 표준완성시간 : 2~3분

날짜	월	일
시간	분	초
오답 수	/ 10	

A형

★ 뺄셈을 하시오.

① $4470 - 927$

② $7826 - 325$

③ $9452 - 154$

④ $1520 - 653$

⑤ $8228 - 286$

⑥ $7859 - 3586$

⑦ $5001 - 4916$

⑧ $8118 - 2831$

⑨ $2493 - 1202$

⑩ $9815 - 7466$

● 표준완성시간 : 2~3분

B형

날짜	월	일
시간	분	초
오답 수	/	8

(네 자리 수)-(세 자리 수 · 네 자리 수)

★ 뺄셈을 하시오.

① 1132 - 559

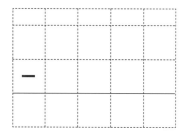

⑤ 6577 - 2919

② 5806 - 668

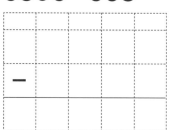

⑥ 9583 - 8788

③ 6423 - 597

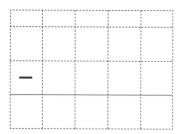

⑦ 7428 - 1374

④ 2095 - 985

⑧ 6270 - 1791

040단계 네 자리 수의 덧셈, 뺄셈 종합

● 결과 기록지

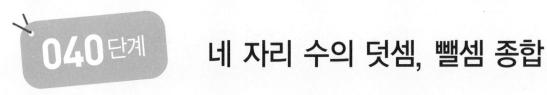

① 1~5일차 학습에 걸린 시간을 각각 재서 그래프에 점을 찍습니다.

② 점과 점을 연결하여 기록의 변화를 확인합니다.

③ 오답 수를 세어 오답 수 칸에 씁니다.

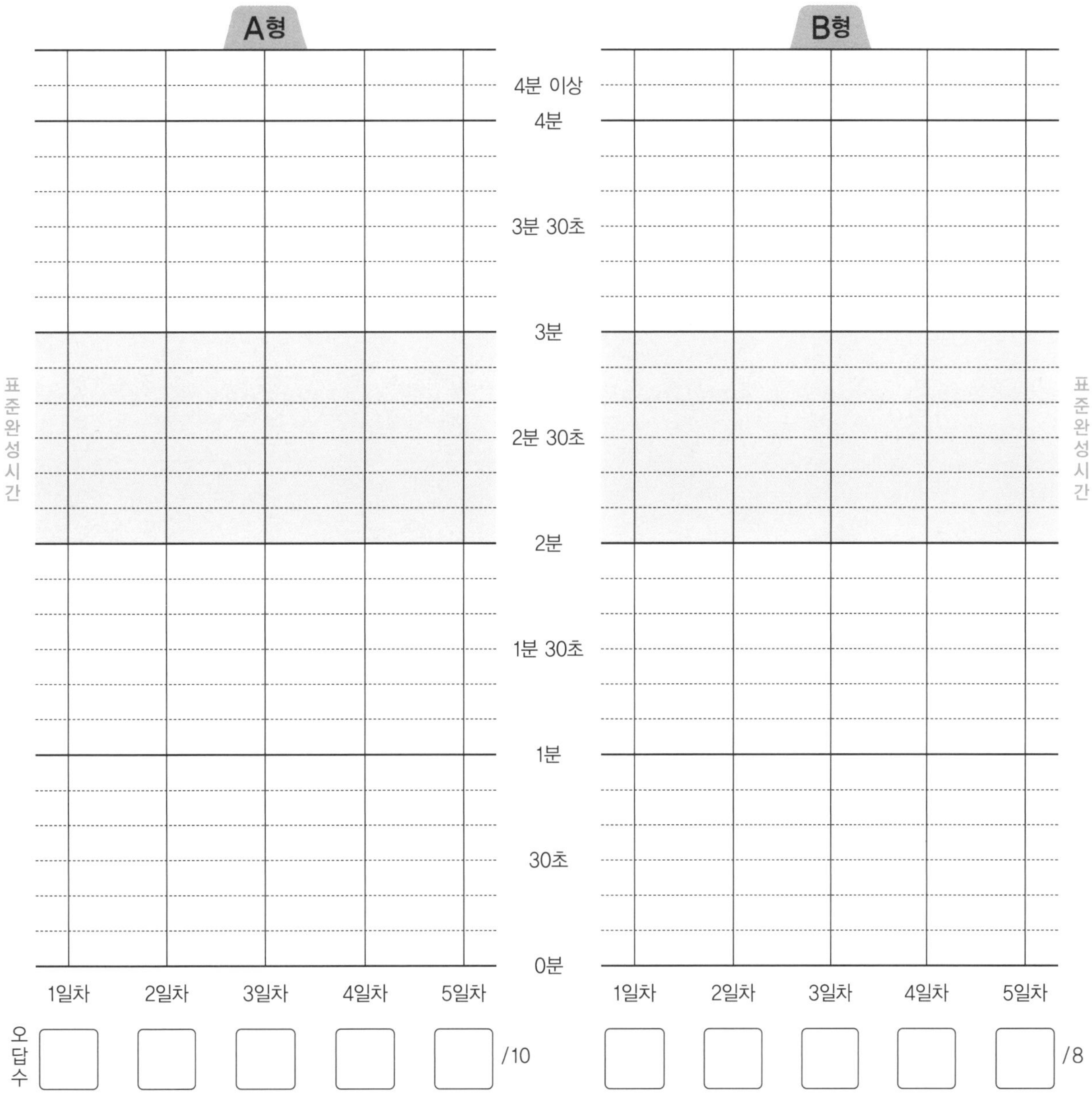

계산력을 기르는 힘!

네 자리 수의 덧셈, 뺄셈 종합

● 네 자리 수의 덧셈

일의 자리, 십의 자리, 백의 자리, 천의 자리의 순서로 계산하고, 각 자리 숫자끼리 더하여 10이거나 10보다 크면 바로 윗자리로 받아올림합니다.

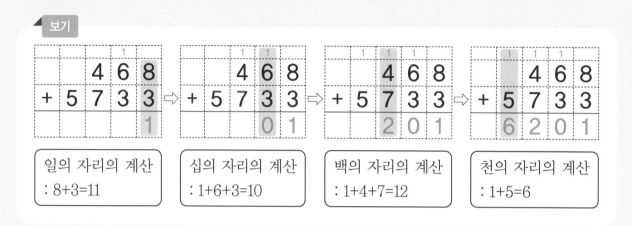

보기

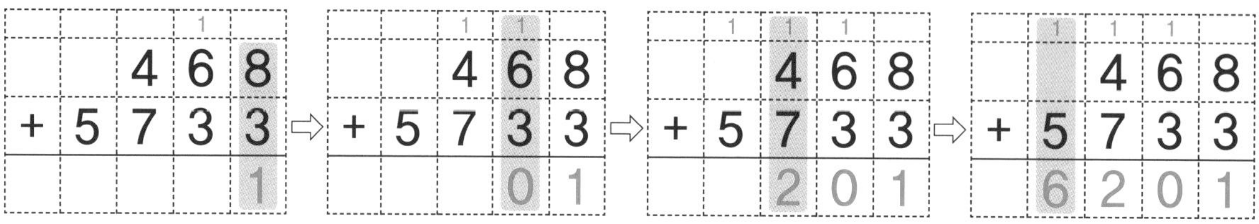

			1	
		4	6	8
+	5	7	3	3
				1

일의 자리의 계산
: 8+3=11

⇨

		1	1	
		4	6	8
+	5	7	3	3
			0	1

십의 자리의 계산
: 1+6+3=10

⇨

	1	1	1	
		4	6	8
+	5	7	3	3
		2	0	1

백의 자리의 계산
: 1+4+7=12

⇨

	1	1	1	
		4	6	8
+	5	7	3	3
	6	2	0	1

천의 자리의 계산
: 1+5=6

● 네 자리 수의 뺄셈

일의 자리, 십의 자리, 백의 자리, 천의 자리의 순서로 받아내림에 주의하여 계산합니다.

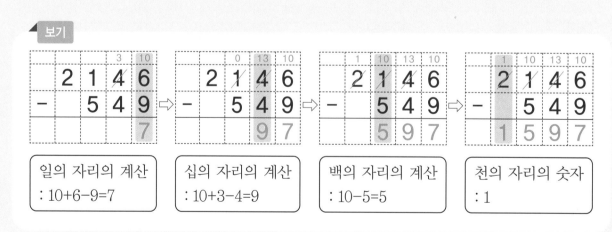

보기

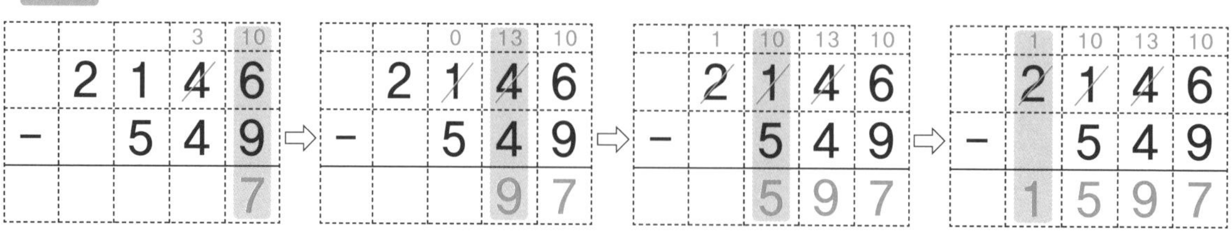

			3	10
	2	1	~~4~~	6
−		5	4	9
				7

일의 자리의 계산
: 10+6−9=7

⇨

		0	13	10
	2	~~1~~	~~4~~	6
−		5	4	9
			9	7

십의 자리의 계산
: 10+3−4=9

⇨

	1	10	13	10
	~~2~~	~~1~~	~~4~~	6
−		5	4	9
		5	9	7

백의 자리의 계산
: 10−5=5

⇨

	1	10	13	10
	~~2~~	~~1~~	~~4~~	6
−		5	4	9
	1	5	9	7

천의 자리의 숫자
: 1

네 자리 수의 덧셈, 뺄셈 종합

● 표준완성시간 : 2~3분

날짜	월	일
시간	분	초
오답 수	/	10

A 형

★ 계산을 하시오.

①
```
  2349
+    8
```

②
```
  2596
-    1
```

③
```
  9830
+   65
```

④
```
  6468
-   85
```

⑤
```
  4546
+  537
```

⑥
```
  5376
-  449
```

⑦
```
  2817
+ 4321
```

⑧
```
  8485
- 8317
```

⑨
```
  1749
+ 1885
```

⑩
```
  6137
- 4369
```

● 표준완성시간 : 2~3분

B형

날짜	월	일
시간	분	초
오답 수		/ 8

네 자리 수의 덧셈, 뺄셈 종합

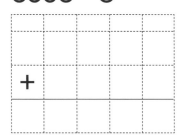

★ 계산을 하시오.

① $3593+8$

⑤ $4167+985$

② $6174-9$

⑥ $1000-291$

③ $7083+51$

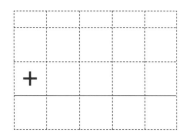

⑦ $5797+4903$

④ $2867-63$

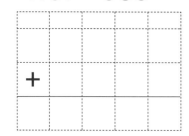

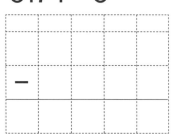

⑧ $5931-2637$

네 자리 수의 덧셈, 뺄셈 종합

● 표준완성시간 : 2~3분

날짜	월	일
시간	분	초
오답 수	/	10

A형

★ 계산을 하시오.

① $\begin{array}{r} 6 \\ +\ 8931 \\ \hline \end{array}$

② $\begin{array}{r} 5620 \\ -\ 2 \\ \hline \end{array}$

③ $\begin{array}{r} 95 \\ +\ 1946 \\ \hline \end{array}$

④ $\begin{array}{r} 3942 \\ -\ 37 \\ \hline \end{array}$

⑤ $\begin{array}{r} 925 \\ +\ 7963 \\ \hline \end{array}$

⑥ $\begin{array}{r} 4548 \\ -\ 187 \\ \hline \end{array}$

⑦ $\begin{array}{r} 3633 \\ +\ 2673 \\ \hline \end{array}$

⑧ $\begin{array}{r} 8794 \\ -\ 3454 \\ \hline \end{array}$

⑨ $\begin{array}{r} 9549 \\ +\ 3876 \\ \hline \end{array}$

⑩ $\begin{array}{r} 6080 \\ -\ 5759 \\ \hline \end{array}$

• 표준완성시간 : 2~3분

B형

날짜	월	일
시간	분	초
오답 수		/ 8

네 자리 수의 덧셈, 뺄셈 종합

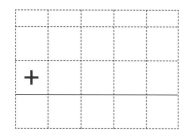

★ 계산을 하시오.

① 8 + 6998

+				

② 3749 − 7

−				

③ 49 + 4142

+				

④ 5750 − 56

−				

⑤ 476 + 9628

+				

⑥ 9427 − 642

−				

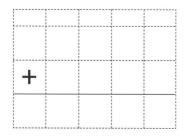

⑦ 7824 + 4936

+				

⑧ 6261 − 3679

−				

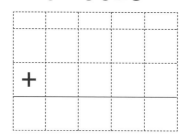

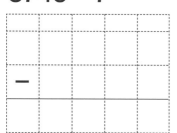

네 자리 수의 덧셈, 뺄셈 종합

● 표준완성시간 : 2~3분

날짜	월	일
시간	분	초
오답 수		/ 10

A형

★ 계산을 하시오.

① 3488 + 74 =

② 7053 − 82 =

③ 9952 + 418 =

④ 8153 − 7195 =

⑤ 2325 + 2956 =

⑥ 7629 − 506 =

⑦ 7 + 6287 =

⑧ 5269 − 2621 =

⑨ 8592 + 2976 =

⑩ 8305 − 6 =

● 표준완성시간 : 2~3분

B형

날짜	월	일
시간	분	초
오답 수		/ 8

네 자리 수의 덧셈, 뺄셈 종합

★ 계산을 하시오.

① $9917 + 96$

② $3228 - 349$

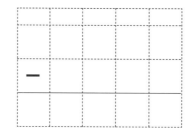

③ $4765 + 8297$

④ $9281 - 8$

⑤ $168 + 2685$

⑥ $4841 - 95$

⑦ $9 + 9997$

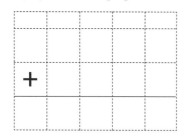

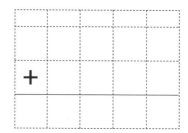

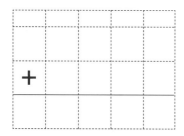

⑧ $2958 - 1893$

네 자리 수의 덧셈, 뺄셈 종합

● 표준완성시간 : 2~3분

날짜	월	일
시간	분	초
오답 수		/ 10

★ 계산을 하시오.

①
```
  6509
+ 7081
```

②
```
  5712
- 3882
```

③
```
    67
+ 1964
```

④
```
  7413
-    7
```

⑤
```
   582
+ 9874
```

⑥
```
  2942
-  288
```

⑦
```
  3786
+ 4538
```

⑧
```
  9574
-   36
```

⑨
```
  7999
+    4
```

⑩
```
  7252
- 4773
```

● 표준완성시간 : 2~3분

B형		
날짜	월	일
시간	분	초
오답 수		/ 8

네 자리 수의 덧셈, 뺄셈 종합

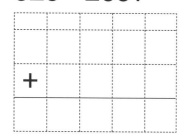

★ 계산을 하시오.

① 325 + 2651

⑤ 9797 + 4

② 5307 − 4720

⑥ 3098 − 444

③ 83 + 8639

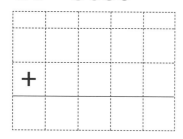

⑦ 5945 + 7755

④ 4002 − 5

⑧ 8020 − 28

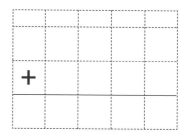

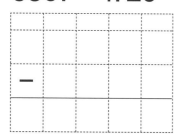

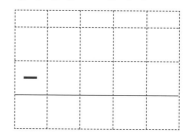

네 자리 수의 덧셈, 뺄셈 종합

● 표준완성시간 : 2~3분

날짜	월	일
시간	분	초
오답 수		/ 10

A형

★ 계산을 하시오.

①
$$\begin{array}{r} 1501 \\ +\ 4303 \\ \hline \end{array}$$

②
$$\begin{array}{r} 4085 \\ -\ 1662 \\ \hline \end{array}$$

③
$$\begin{array}{r} 2872 \\ +\ 461 \\ \hline \end{array}$$

④
$$\begin{array}{r} 6700 \\ -\ 705 \\ \hline \end{array}$$

⑤
$$\begin{array}{r} 8261 \\ +\ 1458 \\ \hline \end{array}$$

⑥
$$\begin{array}{r} 3578 \\ -\ 3520 \\ \hline \end{array}$$

⑦
$$\begin{array}{r} 992 \\ +\ 5489 \\ \hline \end{array}$$

⑧
$$\begin{array}{r} 8385 \\ -\ 169 \\ \hline \end{array}$$

⑨
$$\begin{array}{r} 8736 \\ +\ 8794 \\ \hline \end{array}$$

⑩
$$\begin{array}{r} 8842 \\ -\ 2344 \\ \hline \end{array}$$

• 표준완성시간 : 2~3분

B형

날짜	월 일
시간	분 초
오답 수	/ 8

네 자리 수의 덧셈, 뺄셈 종합

★ 계산을 하시오.

① 669+9599

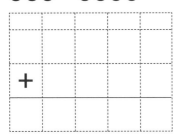

⑤ 2668+9297

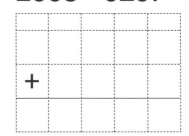

② 8497−718

⑥ 7916−4595

③ 4325+4289

⑦ 9964+813

④ 6001−1836

⑧ 1042−959

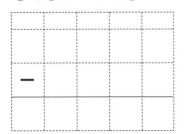

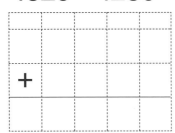

4권 자연수의 덧셈과 뺄셈 4

종료테스트

20문항 / 표준완성시간 2~3분

실시 방법

❶ 먼저, 이름, 실시 연월일을 씁니다.

❷ 스톱워치를 켜서 시간을 정확히 재면서 문제를 풀고, 문제를 다 푸는 데 걸린 시간을 씁니다.

❸ 가능하면 표준완성시간 내에 풉니다.

❹ 다 풀고 난 후 채점을 하고, 오답 수를 기록합니다.

❺ 마지막 장에 있는 종료테스트 학습능력평가표에 V표시를 하면서 학생의 전반적인 학습 상태를 점검합니다.

이름	
실시 연월일	년 월 일
걸린 시간	분 초
오답 수	/ 20

★ 계산을 하시오.

① $294+8=$

② $982+83=$

③ $276+462=$

④ $405+689=$

⑤ $897+794=$

⑥ $538+869=$

⑦ $604-6=$

⑧ $492-48=$

⑨ $714-413=$

⑩ $558-196=$

⑪ 303－229＝

⑫ 967－378＝

⑬ 689＋53－135＝

⑭ 814－538＋765＝

⑮ 9824＋879＝

⑯ 1967＋1267＝

⑰ 6489＋3568＝

⑱ 5000－456＝

⑲ 7243－2528＝

⑳ 8615－7976＝

4권 종료테스트 정답

① 302	② 1065	③ 738	④ 1094	⑤ 1691
⑥ 1407	⑦ 598	⑧ 444	⑨ 301	⑩ 362
⑪ 74	⑫ 589	⑬ 607	⑭ 1041	⑮ 10703
⑯ 3234	⑰ 10057	⑱ 4544	⑲ 4715	⑳ 639

종료테스트 학습능력평가표

4권은?

학습 방법	□ 매일매일	□ 가끔	□ 한꺼번에	-하였습니다.
학습 태도	□ 스스로 잘	□ 시켜서 억지로		-하였습니다.
학습 흥미	□ 재미있게	□ 싫증내며		-하였습니다.
교재 내용	□ 적합하다고	□ 어렵다고	□ 쉽다고	-하였습니다.

평가 기준

평가	□ A등급(매우 잘함)	□ B등급(잘함)	□ C등급(보통)	□ D등급(부족함)
오답 수	0~2	3~4	5~6	7~

- A, B등급 : 다음 교재를 바로 시작하세요.
- C등급 : 틀린 부분을 다시 한번 더 공부한 후, 다음 교재를 시작하세요.
- D등급 : 본 교재를 다시 복습한 후, 다음 교재를 시작하세요.